Leben heute
Meeresströme und Gezeiten

Die Arena-Reihe »**Leben heute**« bringt zu den Themen »Ökologie, Technik, Forschung« die wichtigsten Ergebnisse der modernen Wissenschaft.
Die Berichte, Fakten und Dokumente fesseln und informieren ebenso wie die vielen farbigen Bilder jedes Bandes.
Eine wichtige Reihe für alle, die heute mehr wissen und mitreden wollen.

Jeder Band ist in sich abgeschlossen. Alle Bände dieser Reihe sind aber so miteinander verknüpft, daß sie dem Leser ein beständig anwachsendes und sich ergänzendes Wissen anbieten: eine Forschungsbibliothek, die selbst zur weiteren Forschung anregt.

Meeresströme und Gezeiten

Herausgegeben von Guido Petter,
unter Mitarbeit von Beatrice Garau

Arena

1. Auflage 1979

Die Originalausgabe erschien in Italien unter dem
Titel »I movimenti del mare«.
Aus dem Italienischen von Margherita Willer-Bigi

Satz und Filme: Fotosatz Service Weihrauch, Würzburg
Umschlaggestaltung: Creativ Shop München, A.+A. Bachmann
Printed in Italy
ISBN 3 401 00502 2

Inhaltsverzeichnis

Das Meer
in ewiger Bewegung

Die Wellen: wie und warum

Stellen wir uns einmal vor, wir sind an einem schönen Sommerabend am Strand und erfreuen uns in einem Klappstuhl am Betrachten der Wellen, die sich eine nach der anderen nähern und brechen, die sich wie ein Wasserschleier ausdehnen, der den Sand entlang nach oben leckt, bis er verharrt und zurückläuft.
Wir könnten uns darauf beschränken, dieses Schauspiel zu genießen, seine Farben, seine Musikalität, seinen Rhythmus aufzufangen. Oder wir könnten, während wir seine Schönheit betrachten, nach den »Warum« fragen.

Welche »Warum«?

Hier ein Beispiel: Die Wellen kommen so rasch zum Ufer, während ein Stück Kork, das auf ihnen in 20 Meter Entfernung vom Ufer schwimmt, auf- und niederschaukelt, sich aber nicht zu nähern scheint: wieso wohl? Oder: Heute abend sind die Wellen klein und flach, während sie heute vormittag sehr hoch waren: Aus welchem Grund sind die Wellen manchmal klein und manchmal groß? Die Wellen folgen heute abend sehr eng aufeinander, und die Zeitspanne zwischen dem Ankommen einer Welle und dem der darauffol-

genden ist kurz, während die Wellen von heute morgen sich gleichsam verfolgten, wobei sie zwischen sich einen sehr viel größeren Abstand einhielten, und die Zeitspanne zwischen der einen und der anderen viel länger war: wieso? Und noch etwas: Die Wellen bewegen sich alle zum Ufer hin, immer in Richtung Ufer, nie hat man Wellen sehen können, die sich vom Ufer weg bewegen: warum wohl? Würde dies auch auf einer Insel der Fall sein? Wenn ja, dann müßten die Wellen, die an den nördlichen Strand der Insel schlagen, in umgekehrter Richtung laufen als die, die an den südlichen Strand schlagen: Ist das wirklich so?
Und noch etwas: Woraus besteht der Schaum? Warum ist er weiß? Und warum ist das Meer manchmal blau, dann wieder grün oder grau?
Zahlreiche Fragen und Probleme kann man sich beim Betrachten des Meeres stellen. Man sollte sie aber nicht alle gleichzeitig stellen, wenn man ihre Bedeutung verstehen will, sondern sie nacheinander langsam entwickeln und in einen Zusammenhang bringen.

Wieso verlagert sich eine Welle rasch, während ein darauf schwimmender Kork auf der gleichen Stelle bleibt?

Dieser scheinbare Gegensatz verschwindet, sobald man sich darüber klar wird, daß wir im Fall der Meereswellen (zumindest bei denen, die noch ziemlich weit vom Ufer entfernt sind und nicht so stark vom Wind gepeitscht werden, daß sie sich wie Wogen auf dem hohen Meer brechen) nur eine »Verschiebung der Bewegung« haben, ohne daß auch eine »Verschiebung der Substanz« stattfindet.

Das Wasser des Meeres: blau, grün und dann weiß. Weshalb wohl?

Wir können diesen Sachverhalt leichter verstehen, wenn wir uns die folgende Situation vor Augen halten. Nehmen wir an, ein 30 Meter langes Seil wird von zwei Personen gespannt gehalten und in seiner Mitte ist ein Stückchen Holz festgebunden. Und nehmen wir an, daß dieses gespannte Seil die glatte Oberfläche des Wassers und das Holzstückchen den schwimmenden Kork darstellt. Nun schwingt eine der Personen das Seilende in ihrer Hand mit einem kurzen Stoß einmal nach unten und einmal nach oben: Längs des Seils bildet sich sofort eine Welle, die bis zum anderen Ende läuft. Die Welle, das heißt das Hoch- und Niedergehen des Seils, ist das, was sich horizontal verschiebt, und nicht das Seil selbst. In der Tat verbleibt jede Stelle desselben gleichweit von den zwei Personen entfernt; auch das Holzstück (das den Kork darstellt) hebt und senkt sich, bleibt dabei aber immer genau auf halbem Weg zwischen den beiden Seilenden.* Etwas sehr ähnliches geschieht im Fall einer Welle, die sich auf dem Meer bildet: die verschiedenen Partikel des Wassers, die sich an der Oberfläche befinden, heben und senken sich ähnlich wie die verschiedenen Abschnitte des Seils: wenn einige Wasserteilchen sich gerade senken, beginnen sich weiter vorn befindliche Teile zu heben, und wenn diese sich dann senken, heben sich jene, die noch weiter vorne sind. Und das, was wir sehen, ist demnach eine »Zone von

*) Bei diesem Beispiel wird nur der Weg der Welle vom ersten zum zweiten Menschen betrachtet. Wenn sie jedoch am Ende des Seils angekommen ist, kann sich diese Welle reflektieren und zurückkehren, wobei sie sich mit einer anderen, ankommenden Welle verbindet, was zu Phänomenen führt, die wir hier nicht betrachten wollen (»stationäre Wellen« mit Stellen des Seils, den »Bäuchen«, die sich heben und senken, während andere Stellen, die »Knoten«, immer praktisch still stehen bleiben).

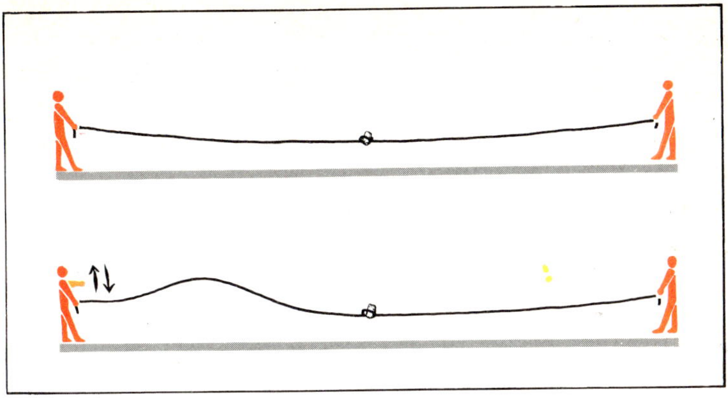

höherem Wasser« (der Wellenkamm), die sich verschiebt, gefolgt von einer »Zone von niedrigerem Wasser« (Einbuchtung oder Wellental).
In Wirklichkeit bewegt sich jedes einzelne Wasserteilchen nicht nur nach oben und nach unten, sondern auch ein wenig vorwärts und rückwärts. Jedes Wasserpartikel vollführt also eine kreisförmige Bewegung wie in der Figur auf Seite 13 dargestellt ist: Es geht nach oben und vorwärts (wenn es den Wellenkamm bildet), dann geht es nach unten und rückwärts (wenn es das Wellental bildet) und bleibt daher im wesentlichen an seinem Platz.

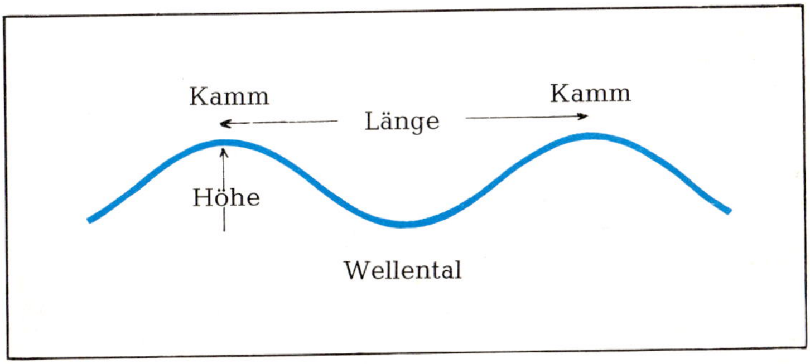

Wie können wir sicher sein, daß die Bewegung der Wasserteilchen wirklich wie beschrieben erfolgt?

Einen ersten Hinweis dafür, daß es sich um eine derartige Bewegung handelt, konnten wir der Beobachtung des Korks entnehmen: Tatsächlich zeigt auch er uns bei genauer Beobachtung diese kreisförmige Bewegung: er wird von den Wasserpartikeln, die ihn tragen, mitgerissen und muß deshalb ihre Bahn mitverfolgen.
Über die Wasserbewegungen während der Passage einer Welle könnten wir jedoch sehr viel genauere Daten sammeln, wenn wir nicht gerade die Wellen des Meeres beobachten, sondern andere Wellen, die künstlich im Labor mit einem Apparat erzeugt werden, der »Ondoskop« (skopeo = griech.: ich sehe) genannt wird.
Dieses Gerät ist ein langes Becken mit wenigstens einer Glaswand, die das Beobachten und Filmen sowohl des Wellenprofils vom Anfang bis zum Ende des Beckens ermöglicht als auch der einzelnen Wasserteilchen. Wie kann man die durchsichtigen Wasserteilchen fotografieren? Man tropft farbige Substanzen in das Wasser, die dasselbe spezifische Gewicht haben und deshalb weder untergehen noch hochschwimmen, sondern genau an der Stelle des Wassers bleiben, wo sie eingeträufelt worden sind. Diese Farbsubstanzen mischen sich auch nicht mit dem Wasser und lösen sich nicht auf. Die Tropfen können mit einer Pipette in jede beliebige Wassertiefe geträufelt werden, und ihre Bewegungen lassen sich dann gut beobachten und filmen.
In einem Ondoskop wird die Welle erzeugt, indem man am äußersten Ende des Beckens mit einem Motor eine Art Schaufel in Bewegung setzt, wie in der Fi-

gur hier unten gezeigt. Am anderen Ende des Bekkens muß etwas angebracht werden, das die Welle im Augenblick ihrer Ankunft abdämpft (zum Beispiel ein schräges Holzbrett mit vielen, quer angeordneten Schlitzen, durch die das Wasser der Welle hindurchlaufen kann), sonst würde sie, wenn sie an den Rand des Beckens anschlägt, zurücklaufen und würde damit die folgenden Wellen stören.

Die Höhe einer Welle steht zu ihrer Länge in einem bestimmten Verhältnis, und zwar so, daß normalerweise mit dem Anwachsen der Wellenhöhe auch ihre Länge anwächst; wäre das nicht so, so würde die Neigung der beiden Seitenflächen zu groß werden und die Maximalgrenze überschreiten, über die hinaus sich die Welle bricht. Das ist der Grund, weshalb die niedrigen Wellen bei beinahe ruhigem Meer auch kürzer sind, also mit kurzen Zeitabständen voneinan-

Schema eines Ondoskops. An der äußeren rechten Seite befindet sich ein schräges Brettchen mit vielen waagerechten Schlitzen, durch die das von der Welle aufgeworfene Wasser durchlaufen kann; dies dient dazu, die Welle abzuschwächen und somit das Reflektieren zu verhindern. Ein Ondoskop ist gewöhnlich länger als das hier abgebildete. Die Glaswand ist mit waagerechten und senkrechten Linien ausgestattet, die die Bewertung und das Messen der produzierten Welle ermöglichen.

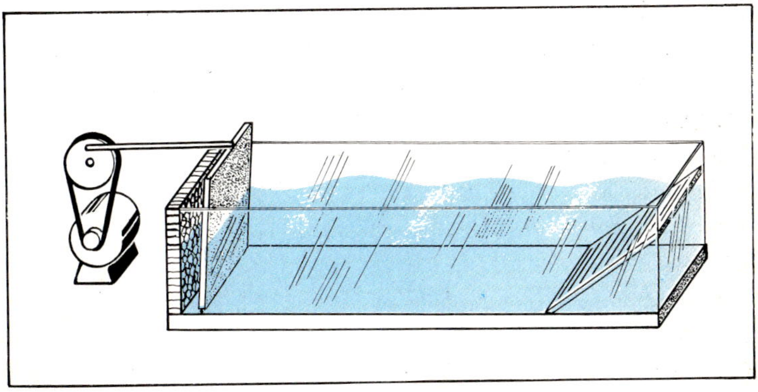

der ans Ufer schlagen, während hohe Wellen lang sind und am Ufer in größeren Zeitabständen voneinander ankommen. Es kann aber auch Wellen geben, die, obwohl sie nur einige Meter hoch sind, viele Kilometer lang sind (wie die Wellen der Meerbeben), wovon wir später noch sprechen werden.

Bis zu welcher Tiefe machen sich die Wellen bemerkbar?

Die in einem Ondoskop eingefärbten Partikeln vollführen eine kreisförmige Bewegung, aber der beschriebene Umkreis wird um so kleiner (und gleicht einem immer stärker zusammengedrückten Oval), je tiefer das Wasser ist. Unterhalb einer gewissen Tiefe hört die Bewegung gänzlich auf und das Wasser bleibt vollkommen ruhig. Diese Tiefe ist natürlich um so größer, je höher die Wellen sind; aber auch im Fall der großen Sturmwogen des Ozeans überschreitet sie nicht die Tiefe von ungefähr 10 Metern. Dies wissen die Taucher, die wenige Meter unter der Oberfläche eines bewegten Meeres ruhiges Wasser vorfinden. Unterseeboote auf Fahrt können Stürmen entgehen, indem sie bis in eine bestimmte Tiefe hinuntertauchen und dann ungestört ihre Fahrt fortsetzen. Dieses rasche Verebben der Wellen unter der Oberfläche führte zu Überlegungen, ob es nicht möglich und vorteilhaft wäre, Transporte unter Wasser durchzuführen. Massengüter (Erdöl, Kohle, Weizen usw.) könnten statt auf normale Frachtschiffe auch in Unterwasser-Container verladen werden und zu langen Unterwasser-Zügen zusammengekoppelt werden. Es müßten dann Fahrtrouten ohne Untiefen oder Felsriffe unter Wasser gefunden werden, und diese Züge

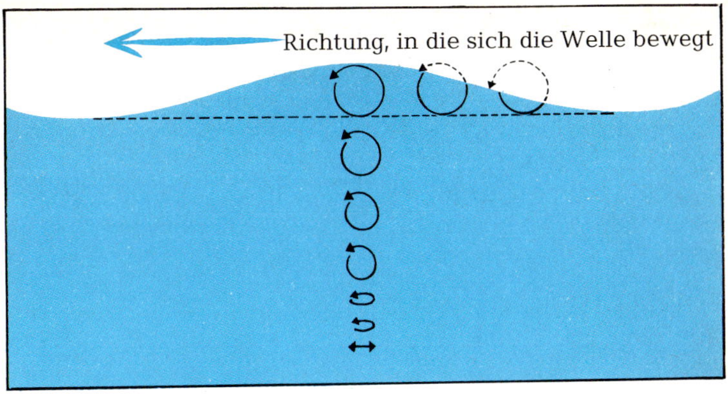

könnten ganze Ozeane durchqueren, ohne dabei je Gefahr zu laufen, in einen Sturm zu geraten.*

Die Wellen gelangen fast immer parallel an das Ufer

Das Ondoskop ermöglicht uns auch, mit größerer Präzision ein Phänomen zu beobachten, das man im übrigen schon sehen kann, wenn man die Wellen des Meeres beobachtet. Eine Welle bewegt sich mit gleichbleibender Geschwindigkeit, solange das Meer unter ihr tief genug ist; wenn jedoch die Tiefe abnimmt, und zwar entweder, weil sich dort unter Wasser eine Sandbank befindet oder weil das Ufer schon nahe ist (und besonders, wenn die Meerestiefe geringer als die Hälfte der Wellenlänge ist), dann beginnen die sich bewegenden Wasserteilchen »den Grund zu spüren«, und die Geschwindigkeit der Welle nimmt ab. Aus diesem Grund kommen die Wellen parallel zur Richtung des Strandes zum Ufer.

*) Die Tatsache, daß die Wellenbewegung nur bis zu einer gewissen Tiefe spürbar ist, ist von großer Bedeutung für die Unterwasser-Schiffahrt. Ein Unterseeboot, das sich in mehr als zehn Metern Tiefe befindet, spürt noch nicht einmal die Wellen eines Sturmes.

Wieso ruft die Abnahme der Geschwindigkeit diese Wirkung hervor?
Nehmen wir an, daß auf dem folgenden Bild die gepunktete Zone den Strand darstellt und daß von der Stelle an, wo die Wellen an den Strand schlagen, der Meeresgrund allmählich und regelmäßig abfällt, zum Beispiel alle fünfzig Meter um einen Meter. Dann nehmen wir an, daß die gestrichelten Linien die ankommenden Wellen darstellen, die sich in der mit Pfeil angegebenen Richtung bewegen, also nicht parallel zum Ufer verlaufen. Was passiert, wenn sie herankommen?
Es geschieht, daß der Teil a der Welle Nr. 1 früher auf geringere Wassertiefen stößt als der Teil b und der Teil c der gleichen Welle. Teil a beginnt also langsamer zu werden, während die Teile b und c die bisherige Geschwindigkeit beibehalten, und so fängt die ganze Welle an, sich zu krümmen. Dann wird der Teil b langsamer, während c seine Geschwindigkeit beibehält, und die Welle ändert also als Ganzes immer mehr ihre Position, gerät immer stärker in Parallelität zur Linie des Strandes.

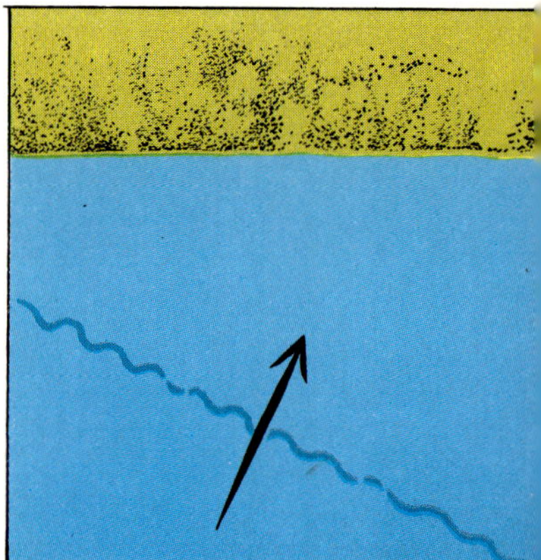

Wenn sich die Welle dem Ufer schräg nähert, gelangen nach und nach ihre dem Ufer näherliegenden Abschnitte auf niedrigere Wassertiefen und verlangsamen ihren Lauf, während die weiter entfernten Abschnitte ihre Geschwindigkeit beibehalten, wo die Tiefe größer ist. Die Welle liegt also schließlich parallel zum Ufer.

Warum brechen sich gewöhnlich die Wellen nur dann, wenn sie ziemlich nahe am Strand sind?

Wir haben gesehen, daß die Geschwindigkeit der Welle abnimmt, wenn der Meeresgrund zu niedrig wird, wie das in der Nähe des Ufers geschieht. Es ergibt sich also, daß der vordere Teil der Welle weniger schnell läuft als der hintere Teil; die Wellenlänge verkleinert sich und dabei wird die Welle – wie unser Bild zeigt – höher, weil die Wassermasse, aus der sie besteht, horizontal auf einen kleineren Raum zusammengepreßt wird. Daher werden auch die beiden schrägen Seiten der Welle steiler und besonders die Vorderseite, da die Wasserpartikeln, die den Kamm bilden, aufgrund ihrer rotativen Bewegung sich nach vorne schieben. Das Wasser des Wellenkammes tendiert also dazu, nach vorn »zu rollen«, sich über die Steilseite der Welle zu ergießen (wie man auf dem Foto S. 17 sieht); dabei schließt es Luftblasen in sich ein und erscheint daher schäumend.
In der Tat ist der Schaum nichts weiter als Wasser, das unzählige Luftblasen enthält: die Oberflächen dieser

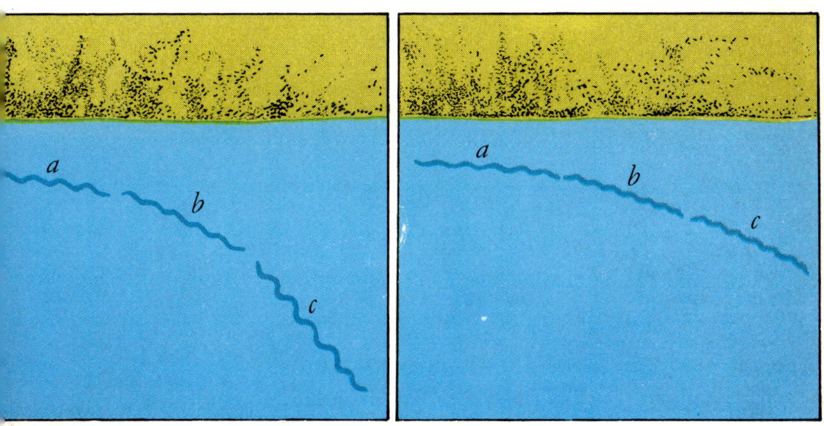

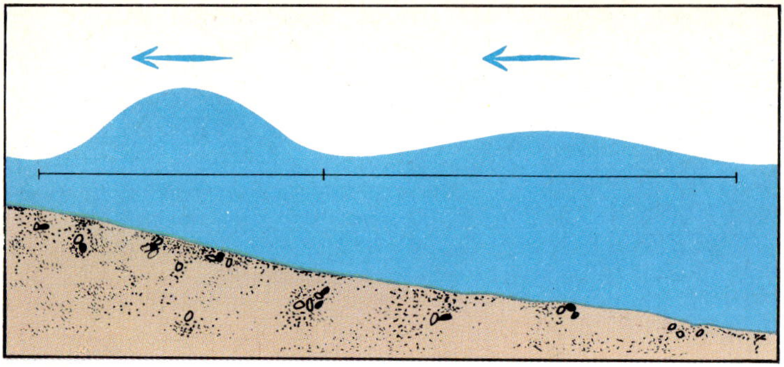

Bläschen reflektieren das auf sie fallende Licht und erscheinen daher weiß, während das Wasser ohne Bläschen die verschiedenen Wellenlängen der Sonnenstrahlen absorbiert und nur den Teil zu unseren Augen zurückschickt, der dem Blau entspricht; deshalb erscheint es uns blau. Die Wellen werden also, wenn sie sich dem Strand nähern, immer steiler und brechen sich schließlich. Man nennt sie »Brandungswellen« oder einfacher »Brandung«. Die »Brandungslinie« ist demnach genau der Streifen Meer, an dem sich dieses Phänomen ereignet.
Aber beobachten wir die Sache einmal aufmerksamer: es gibt Fälle, wo sich die ankommende Welle nach und nach hebt, und schon von weitem erscheint eine Schaumkrone, die sich gleitend längs der Seite der Welle ergießt, wobei sie immer größer wird, wie die Figur A auf Seite 18 zeigt. In anderen Fällen erhebt sich die anrollende Welle fast plötzlich und der obere Teil gleitet nicht an der Seite entlang, sondern wirft sich nach vorne: das heißt, die Welle bäumt sich auf und ihr oberer Teil stürzt wie ein Wasserfall (Figur B) hinunter. Dabei schließt sie unter sich eine große Menge Luft ein und preßt sie zusammen, bis diese,

wenn die Wasserschicht dünner wird, explodiert und dabei ringsherum Gischt verspritzt.
Wieso verhalten sich die Wellen nicht immer gleich? Daran ist vor allen Dingen der Verlauf des Bodens unterhalb des Küstenstreifens schuld: Wenn der Boden leicht schräg ist (Bild A), dann verlangsamen die Wellen nach und nach ihren Lauf, werden langsam höher und der Kamm kann anfangen, an der vorderen Oberfläche entlang zu gleiten; wir haben somit eine

»sich ergießende« Brandung. Hat der Grund dagegen eine beachtliche Neigung (Bild B), so erfolgt das Verlangsamen der Welle fast plötzlich, sie erhebt sich rasch, bäumt sich daher auf und stürzt hinunter: wir haben die »stürzende« Brandung.

Manchmal gibt es nicht nur eine Brandungslinie

An Stränden mit allmählich abfallendem Grund kann man oft zwei Brandungslinien beobachten: eine Brandungslinie draußen auf dem Meer und eine beim Küstenstreifen. Wieso?
Die großen, langen Wellen, die von draußen kommen, werden schon höher und steiler, sobald das Wasser niedriger ist als die Hälfte ihrer Länge. Das führt schon bei ziemlich tiefem Wasser zu einem Brechen dieser Wellen (an der ersten Brandungslinie). Die daraus entstandenen kürzeren Wellen können dann ziemlich weit bis zum Land laufen, ehe die geringe Wassertiefe sie erneut zwingt, ihren Lauf zu verlangsamen, sich aufzuwerfen und zu brechen (zweite Brandungslinie).
Die Turbulenz des Wassers, die durch die »erste Brandungslinie« hervorgerufen wird, führt außerdem zu einer Anhäufung von Sand: dadurch bilden sich parallel zum Ufer und in einer bestimmten Entfernung unter Wasser Sandbänke. Am Strand von Jesolo bei Venedig geht das Wasser den Badegästen, die ins Meer hineinlaufen, langsam bis zur Brust, wie die Zeichnung auf Seite 20 zeigt; aber nach den ersten 50 oder 100 Metern wird das Wasser oftmals wieder niedriger und reicht nur bis über die Knie: Die Sandbank an der »ersten Brandungslinie« ist erreicht. Wenn man darüber hinausläuft, fällt der Grund wieder ab und zwar diesmal, ohne nochmals anzusteigen.

Wie kann ein Boot die Brandungslinie überwinden?

Wenn das Meer stark bewegt ist und man trotzdem mit einem Ruder- oder Segelboot fahren will, das sich an Land befindet, und zwar an einer Stelle, mit allmäh-

lich abfallendem Grund, wo zwei Brandungslinien vorhanden sind, dann stellt diese Brandung natürlich ein Hindernis dar. Wenn sie hoch ist, kann sie das Boot ans Ufer zurückwerfen und es zum Umkippen bringen. Was ist zu tun?
Die erste Brandungslinie, also die weiter draußen, ist das größere Hindernis; dort sind die Wellen höher und gefährlicher. Wenn man diesen Bereich überwunden hat, nimmt die Gefahr ab, auch wenn das Meer bewegt ist: tatsächlich sind auf dem offenen Meer die Wellen (wenn der Wind nicht sehr stark ist) niedriger und länger und brechen sich vor allem nicht.
Wenn wir jedoch diese »erste Brandungslinie« aufmerksam von weitem beobachten, werden wir feststellen, daß sich die Welle nicht überall mit der gleichen Heftigkeit aufbäumt: Hier und da gibt es Stellen, an denen die Brandung weniger hoch ist und eher die »sich ergießende« Form annimmt, während andere Stellen die »stürzende« Brandung aufweisen. Jene sind denn auch für eine Bootsbefahrung eher geeignet.
An einer ersten Brandungslinie mit einer Sandbank

schleudern die sich brechenden Wellen eine bestimmte Wassermenge nach vorne in die Bodenvertiefung zwischen Sandbank und Strand. Dieses Wasser muß wieder einen Weg zurückfinden, es kann sich nicht in dem Strandbecken sammeln; aber die ständig anlaufende Brandung behindert diese Rückkehr. Das Wasser gräbt sich daher Kanäle in die Sandbank, durch die es zurückläuft. Diese Kanäle schaffen Bodenvertiefungen (die Löcher, in die manchmal unerfahrene Badegäste geraten), über denen die Wellen sich nicht oder jedenfalls weniger heftig brechen; gleichzeitig entsteht eine Gegenströmung aufs offene Meer hinaus, die einem Boot helfen kann, die Brandungslinie zu überwinden.

Wie bilden sich die Wellen?

Manchmal sind Wellen vorhanden und manchmal nicht oder sie sind äußerst klein. Wieso? Wodurch werden sie hervorgerufen?
Es gibt verschiedene Ursachen, aber die häufigste und wichtigste ist der Wind. Wenn der Wind über die

Meeresoberfläche weht,* ergibt sich eine Reibung zwischen Luft und Wasser, auch wenn die Wasseroberfläche glatt ist, und das Wasser beginnt sich leicht zu kräuseln. Wenn der Wind eine Zeitlang ziemlich stark weht (zum Beispiel zwei oder drei Tage lang) und immer in die gleiche Richtung, dann bieten die Kräuselungen eine immer größere Angriffsfläche für den Wind und entwickeln sich zu immer größeren und längeren Wellen.
Wenn der Wind dann heftig bläst (zum Beispiel 12

Durch das Beobachten der Oberfläche des Meeres von oben (anhand der Häufigkeit der schaumbekrönten Wellen), kann man feststellen, daß der Wind mit einer Geschwindigkeit von 20–25 Stundenkilometern darüber weht.

Stundenkilometer überschreitet und in jedem Fall eine größere Geschwindigkeit als die Welle entwikkelt), so schiebt er den Kamm der Welle nach vorne, läßt ihn auf ihre Vorderseite gleiten und ruft damit die »Brecher auf hoher See« hervor, die demnach anders entstehen als die Brandung am Strand. Je stärker der Wind ist, desto heftiger drückt er gegen den Wellenkamm, bis dieser sich aufbäumt und Gischt in die Luft versprüht, die auf Schiffen z.B. die Sicht beeinträchtigt. Auf hoher See läßt sich deshalb die Windstärke von einem Schiff aus an dem Verhalten der Wellen ablesen. Die Beaufort-Skala zur Messung der Windstärke anhand solcher beobachtbarer Wirkungen hat zwölf Grade;* auf dem Meer dient das unterschiedliche Aussehen und Verhalten der Wellen dazu, den jeweiligen Grad zu bestimmen (siehe Tabelle S. 102/103).

Wellen bei Windstille

Es gibt aber auch Tage, an denen wir lange und große Wellen beobachten können, die sich mit Getöse am Strand brechen, während überhaupt kein Wind weht oder ein sehr schwacher, der obendrein den Wellen entgegenweht. Wieso?

*) Die Beobachtung der Meeresoberfläche, vor allem, wenn die Wellen schäumende Kämme haben, die das Vorhandensein von Wind sowie seine Richtung und Geschwindigkeit auf Meereshöhe anzeigen, ist außer für die Schiffe auch für Fesselballons sehr wichtig. Es ist bekannt, daß der Pilot eines Fesselballons sein Fahrzeug bis zu einem gewissen Maß lenken kann, indem er in den verschiedenen Höhen Luftströmungen sucht, die in der ihm günstigen Richtung wehen. Mit der Beobachtung des Meeres könnte er also entscheiden, ob es angebracht ist oder nicht, seinen Ballon auf eine niedrigere Höhe zu bringen.

Wir dürfen nicht denken, daß in diesem Fall kein Wind bei der Bildung der Wellen mitgewirkt hat. Jene Wellen haben sich lediglich in weiter weg gelegenen Zonen gebildet, in denen Wind wehte und die vielleicht sogar von einem Sturm aufgepeitscht waren. Danach hat sich der Sturm gelegt, aber die Wellen, die sich gebildet haben, haben ihren Lauf stundenlang und womöglich über Hunderte von Kilometern bis zu unseren Stränden fortgesetzt.
Diese Wellen, die ohne das Vorhandensein von Wind weiterlaufen, haben jedoch ein besonderes Aussehen: sie können zwar auch lang und hoch sein, aber sie weisen einen abgerundeten Wellenkamm auf, bilden keinen Schaum und brechen sich nicht, wenigstens nicht, solange sie auf hoher See verbleiben. Wellen dieser Art werden als »tote Wellen« bezeichnet. Abgesehen von Schlingern und Stampfen bestehen für ein Schiff in solchen Wellen keine Gefahren: sie brechen sich nur in der Nähe des Ufers, wenn sie »den Grund zu fühlen« anfangen.
Bislang haben wir Wellen betrachtet, die durch das Wehen des Windes über eine Meeresoberfläche hervorgerufen wurden. Aber es gibt auch Wellen, die nicht durch Wind, sondern durch andere Ursachen entstehen.
Das Vorüberfahren eines Schiffes wirft Wellen auf, die für kleine Boote, die sich zu nahe bei dem Schiff befinden, gefährlich sein können. Diese Wellen sind aufmerksam von den Leuten studiert worden, die sich mit dem Schiffsbau beschäftigen. Um eine Welle zu

Ein Segelschiff, das an die großen Clipper des letzten Jahrhunderts erinnert (einige von ihnen hatten sogar fünf Mastbäume). Der Bug ist sehr schmal und schneidet das Wasser, womit er die Energiemenge, die für die Bildung von Wellen verloren geht, reduziert.

erzeugen, ist eine bestimmte Energiemenge nötig und in diesem Fall handelt es sich um einen Teil der Energie, die von den Schiffsmotoren erzeugt wird; dieser Energieanteil, der die Welle erzeugt, geht für die Fortbewegung des Schiffes verloren. Die entzogene Energiemenge hängt vom Typ und von der Zahl der erzeugten Wellen ab, und diese hängen ihrerseits von der Form des Schiffsrumpfes ab und von der Geschwindigkeit, mit der es sich fortbewegt. Zum Beispiel wurde Anfang des 19. Jahrhunderts zur Zeit der Segelschiffahrt ein großer Fortschritt erzielt: Die Segelschiffe, die die Form der Galeonen mit ziemlich abgerundetem Bug hatten, der das Wasser nach vorne schiebt, statt es zu teilen, wurden durch die Clipper ersetzt, große Segelschiffe, die einen schmalen Bug hatten und das Wasser durchschnitten, wobei sie nur an den Flanken Wasser aufwarfen.
Wellen können sich bei Windstille aber auch anders bilden. Wenn ein Berg plötzlich in einen Stausee stürzt, können sich gigantische Wogen erheben; dies ist zum Beispiel bei dem künstlichen See des Vajont in der Provinz von Belluno in Italien geschehen, wo eine Seite des Toc-Berges in das Wasser gestürzt ist und dadurch eine Sturzwelle aufgeworfen hat, die zwei Dörfer an seinem Ufer wegschwemmte, dann über den Deich stürzte und in das Tal floß, wobei weitere Dörfer vernichtet wurden.
Der Erdrutsch kann sich in bestimmten Fällen auch unter Wasser ereignen. Oder anstelle eines Erdrutsches kann eine Explosion unter Wasser vorkommen wie im Fall des Ausbruches eines unter Wasser gelegenen Vulkans. Oder es kann sich auf dem an das Meer angrenzenden Gebiet und auf dem Grund des Meeres selbst ein heftiges Erdbeben ereignen.
In diesen Fällen können sich Wellen bilden, die den

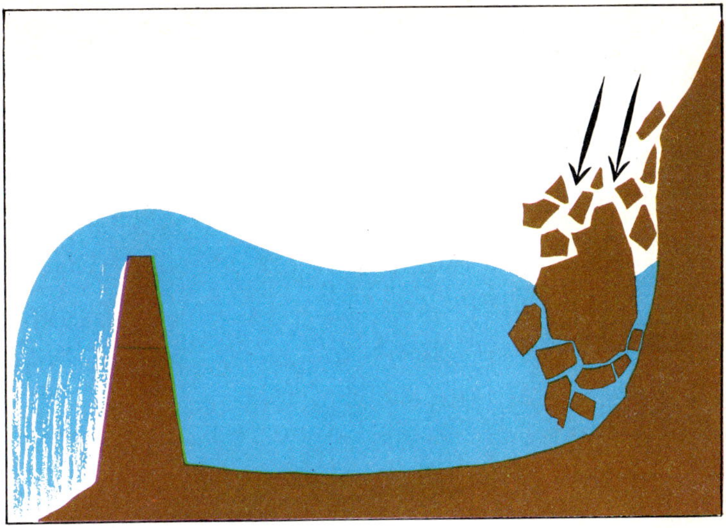

Schema der Sturzwelle, die ein enormer Erdrutsch im künstlichen See des Vajont hervorgerufen hat.

üblichen Wellen überhaupt nicht gleichen, die wir sonst auf dem Meer sehen, sondern die sehr viel länger sind, manchmal mehr als 10 Kilometer lang. Sie sind nicht sehr hoch und aufgrund ihrer enormen Länge können sie vorbeirollen, ohne daß die Schiffe, die sich auf hoher See befinden, sie bemerken.
Was geschieht jedoch, wenn diese sehr langen Wellen in die Nähe von Land kommen?
Sie nehmen nach und nach die Gestalt einer schrekkenerregenden Mauer aus Wasser von manchmal über zehn Metern Höhe an, die sich an der Küste bricht, wobei sie alles vernichtet und einige Kilometer ins Landesinnere vordringt.
Wellen dieser Art, die häufiger als anderswo im Pazifik vorkommen, werden mit dem japanischen Ausdruck »Tsunami« bezeichnet. Die Meerbeben, die die Erdbeben begleiten, sind Phänomene dieser Art.

Die Strömungen, Arterien des Meeres

Wir haben anfangs gesehen, daß bei einer Welle, die sich ohne Einwirkung von Wind verlagert (in einem Ondoskop z.B.), eine Verschiebung der Bewegung, nicht aber der Materie stattfindet: Das heißt, die Wasserpartikeln vollführen kreisförmige Bewegungen, bleiben aber mehr oder weniger an ihrem Platz. Wir haben dann jedoch auch gesehen, daß der Wind, wenn er mit einer gewissen Stärke über das Meer weht, nicht nur Wellen aufwirft, sondern auch ihren Kamm vor sich herschiebt und sie dadurch zwingt, sich aufzubäumen; und wenn er sehr heftig bläst, löst er sogar vom Wellenkamm die Gischt und trägt sie mit sich fort. Hier können wir sagen, daß auch ein Transport von Material erfolgt: Ein Teil des Wassers, das die Wellen bildet, bewegt sich ebenfalls in Richtung des Windes.

Was geschieht, wenn der Wind lange Zeit über konstant in der gleichen Richtung weht? Auch das Wasser des Meeres bewegt sich konstant in die gleiche Richtung: Einer Luftströmung, die auf der Höhe des Meeres verläuft, entspricht also eine Meeresströmung.

Beim Betrachten des Fotos hat man fast den Eindruck, ein im Meer fahrendes Schiff zu sehen. Dabei handelt es sich um einen Felsen (mit Leuchtturm bei der spanischen Atlantik-Küste), einen Felsen, an dem sich das Wasser des wogenden Meeres bricht.

Gewiß, nicht an allen Meeresströmungen, die sich an der Oberfläche der Meere und Ozeane bewegen, sind die Winde schuld. Es gibt auch andere Ursachen, die wir später sehen werden und die eine beachtliche Bedeutung für die Bildung der Meeresströmungen haben; aber die Winde spielen direkt oder indirekt eine wesentliche Rolle.

Wir wollen uns ein Schema ansehen, wie auf dem Erdball die Zirkulation der Winde erfolgt, wobei wir uns der Einfachheit halber auf jenen Teil des Globus beschränken, der vom Atlantischen Ozean und den Polargebieten eingenommen wird.

Am Äquator steigt die von der Sonne stark erhitzte und an Wasserdampf reiche Luft (die an Wasserdampf reiche Luft hat ein kleineres spezifisches Gewicht als die trockene Luft) konstant nach oben. Auf diese Weise bildet sich auf Meereshöhe eine mehr oder weniger permanente Tiefdruckzone.

Der von der aufsteigenden Luft freigelassene Raum wird also von anderer Luft eingenommen, die sowohl von den weiter nördlich als auch von den weiter südlich gelegenen Gebieten zum Äquator gezogen wird. Und da diese neu ankommende Luft sich auch erhitzt, reichert sie sich mit Dampf an und beginnt aufzusteigen; die Luft aus Norden und Süden wird laufend angezogen. Von Norden und Süden gelangen daher zum Äquator Winde, die konstant sind, das heißt also das ganze Jahr hindurch in der gleichen Richtung wehen (mit leichten Abweichungen aufgrund der Tatsache, daß die wärmste Zone nicht immer genau der Äquator ist; sie verschiebt sich im Frühjahr mit der Sonne zum Wendekreis des Krebses und im Herbst zum Wendekreis des Steinbocks).

Würde die Erde nun nicht um sich selbst kreisen, dann würden diese Winde, die von Norden und Süden zum

Äquator gelangen und die Passatwinde genannt werden, den in Bild A auf S. 31 angegebenen Richtungen

A

folgen. Dies ist aber nicht so; ihre tatsächliche Richtung weicht nach Westen hin ab, wie das Bild B aufzeigt. Da man, wenn man von einem Wind spricht, die Richtung angibt, aus der er kommt, und nicht die, wohin er geht, wird der Passatwind nördlich des Äquators »Nord-Ost-Passat« genannt, und der südlich des Äquators »Süd-Ost-Passat«.

B

Wieso weichen die Passatwinde nach Westen ab?

Die Sache ist nicht schwer zu verstehen. Betrachten wir einmal eine Luftmenge A, die sich über dem Atlantik ungefähr parallel zum Breitengrad Marokkos befindet, dessen Gesamtlänge auf dem Erdball insgesamt 32 000 km beträgt. Die Luftmasse A, die zusammen mit der Erde nach Osten dreht, legt daher in 24 Stunden 32 000 km zurück, hat also eine Rotationsgeschwindigkeit nach Osten von 1250 km pro Stunde, genauso wie jener Punkt der Erde, über dem sie sich befindet.

Nun beginnt jedoch diese Masse A, sich nach Süden zu verlagern, bis sie sich auf einer anderen Parallele befindet, die, da sie näher am Äquator liegt, auch länger ist, also zum Beispiel 36 000 km mißt. Die Punkte auf dieser Parallele legen bei ihrer Bewegung nach Osten 36 000 km in 24 Stunden zurück, das heißt, sie bewegen sich mit einer Geschwindigkeit von 1500 km pro Stunde nach Osten. Aber unsere Luftmasse A, die eine Rotationsgeschwindigkeit nach Osten von nur 1250 km pro Stunde hatte, bleibt nach und nach zurück, das heißt sie verzögert sich nach Westen, da sie sich über Punkten der Erde mit einer größeren Rotationsgeschwindigkeit nach Osten befindet. Dies ist der Grund, weshalb die Passatwinde, die sich zum Äquator hin bewegen, sich nach Westen zu verlagern scheinen (richtiger würde man sagen, daß sie »von den Küsten Zentralamerikas eingeholt werden, die sich schneller als sie nach Osten bewegen«). Die eben gemachten Ausführungen gelten auch für den Passatwind, der von Süden kommt.

Sehen wir nun einmal, was an der Oberfläche des Meeres geschieht. Genau in Übereinstimmung mit den Nord-Ost-Passatwinden befindet sich eine große

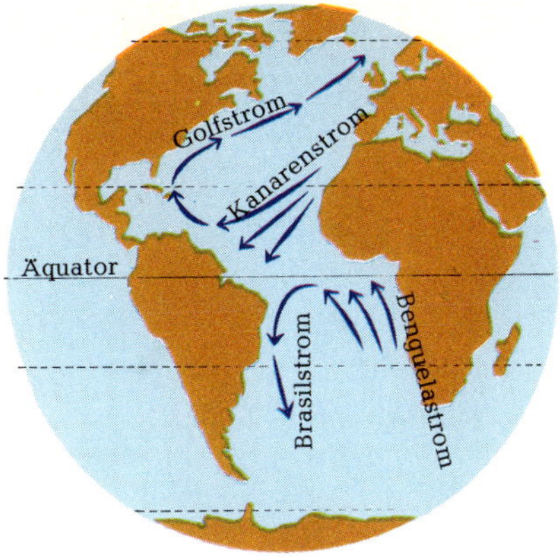

Meeresströmung, der Kanarenstrom, der auch zum Äquator geht, wobei er ebenso nach Westen abweicht. Und genau in Übereinstimmung mit den Süd-Ost-Passatwinden existiert eine andere Strömung, die zum Äquator und nach Westen geht, und zwar der Benguelastrom.

Dieser dauernde Wasserzufluß zum Äquator und nach Westen hin, der sich allmählich erwärmt und leichter wird, also nicht auf den Grund niedersinken kann, würde sehr rasch zu einem Ansteigen des Ozeanspiegels bei den Küsten Zentralamerikas, im Meer der Antillen, führen, wenn das Wasser nicht selbst einen Weg finden würde, abzufließen. Ein Teil verdunstet, aber da es am Äquator oft regnet, kehrt ein Großteil dieses Wassers sofort in das Meer zurück. Das überschüssige Wasser fließt daher ab, indem es zwei weitere große Strömungen bildet, die sich längs der amerikanischen Küste bewegen, wobei eine, und zwar der Golfstrom, nach Norden abfließt und die andere, der Brasilstrom, nach Süden.

Sie sind, wie wir gesehen haben, eine Auswirkung

des Zusammenflusses von Wasser, der von den Passatwinden bei den Küsten Zentralamerikas erzeugt wird; auch sie sind demnach indirekt durch den Wind hervorgerufen.
Andererseits wird der Golfstrom von einem bestimmten Augenblick an wieder durch die Winde unterstützt. Natürlich nicht durch die Passatwinde, die sich weiterhin zum Äquator und nach Westen hin bewegen, sondern durch die sogenannten »Westwinde«, die nördlich der Passatwinde und in entgegengesetzter Richtung zu jenen wehen.*
Wie bilden sich diese »Westwinde«? Ihr Ursprung kann folgendermaßen erklärt werden. Die Luft über der Nordpolregion ist sehr kalt und folglich schwer: sie sinkt daher zur vereisten Oberfläche des Meeres ab und fließt dann in alle Richtungen vom Pol weg. Sie bildet dabei, wenn sie sich eine bestimmte Strecke von der Polarregion entfernt hat, eine Reihe von Wirbeln, die als Tiefdruckzonen erscheinen (weiße Zonen auf dem Bild von Seite 35). Diese Tiefdruckzonen ziehen zum Norden hin Luftmassen an. Bei der Bewegung dieser Luftmassen nach Norden tritt genau der umgekehrte Effekt ein wie bei den Passatwinden: Anstatt in immer schneller nach Osten rotierende Breiten zu gelangen, gerät die Luft in langsamer rotierende, da der Erdumfang nach Norden zu abnimmt. Ihre Rotationsgeschwindigkeit ist größer als die der Erde selbst, wodurch es zu einer Abweichung nach Osten kommt. Da sie aber aus Süd-Westen kommen,

*) Eine große Meeresströmung wie den Golfstrom kann man entdecken, wenn man den Ozean von einem Flugzeug aus beobachtet, weil das Wasser eine andere Farbe hat als das übrige Wasser ringsum. Das Wasser der Meere und Ozeane ist nicht immer von der gleichen Farbe: manchmal ist es blau, manchmal grün und manchmal grau.

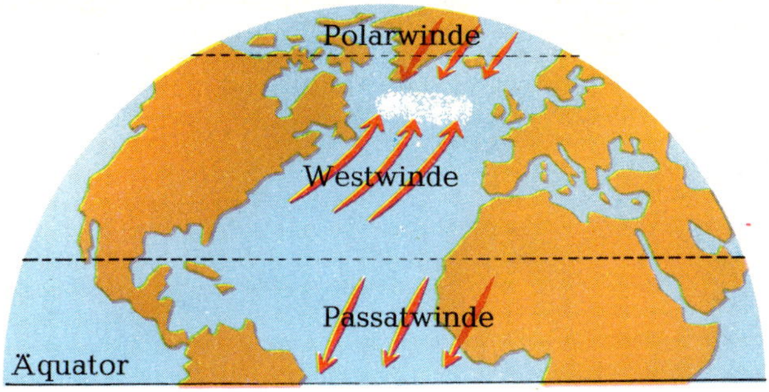

werden die Winde »Westwinde« genannt, obgleich es richtiger wäre, von Süd-West-Winden zu sprechen.*

Strömungen zwischen dem Grund und der Oberfläche: warum sind sie wichtig?

Wenn ein Wind für lange Zeit in Richtung Land weht, treibt er eine Masse an Wasser zum Land hin; da dieses Wasser nicht auf unbestimmte Zeit zusammenfließen kann, bildet sich am Boden eine unter Wasser rückwärts fließende Strömung, die das Gleichgewicht wiederherstellt (siehe Bild A auf Seite 36). Es kann auch das Gegenteil vorkommen: Wenn ein Wind lange Zeit vom Land in Richtung Meer weht und die Wasseroberfläche vom Ufer aufs offene Meer treibt, dann wird die Leere, die das vom Land wegströmende Wasser hinterläßt, laufend von anderem Wasser aufgefüllt, das vom Boden hochsteigt: es bildet sich eine

*) Annähernd das gleiche geschieht südlich des Äquators: auch hier gibt es Westwinde, die ein wenig nach Süden tendieren; auch der Brasilstrom wird daher von einem bestimmten Moment an von diesen Winden getrieben.

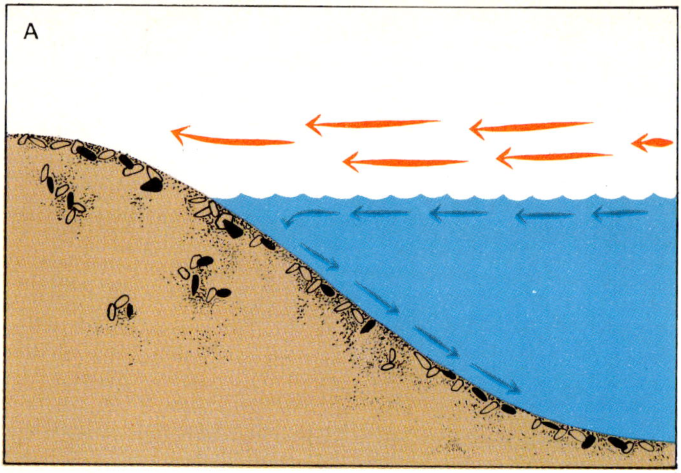

Strömung, die am Meeresboden zum Ufer hin strebt und an die Oberfläche steigt (Bild B). Strömungen dieser Art sind sehr wichtig, da sie ein Vermischen der oberflächlichen und der tiefen Wasserschichten begünstigen. Das Wasser an der Oberfläche ist an Sauerstoff reicher (weil dort Austausch mit der Atmosphäre erfolgt und die Wasserpflanzen leben, die Sauerstoff erzeugen) und dieses Wasser gibt, wenn es zum Grund sinkt, auch an tiefer gelegene Wassermassen Sauerstoff ab, zum großen Vorteil für viele Meerestiere, die auf halber Wasserhöhe oder auf dem Grund leben. Andererseits bringt das Wasser, das vom Meeresboden zur Oberfläche steigt, Mineralstoffe an die Oberfläche, die es vom Boden mitnimmt und die jene mikroskopischen Pflanzen zum Wachsen brauchen, die einen guten Teil des Planktons bilden. Dieses Plankton zählt nicht nur zu den hauptsächlichen Sauerstofferzeugern des Meeres (und sogar der ganzen Welt), sondern es stellt auch direkt oder indirekt die Grundnahrung für alle Meeresbewohner dar.

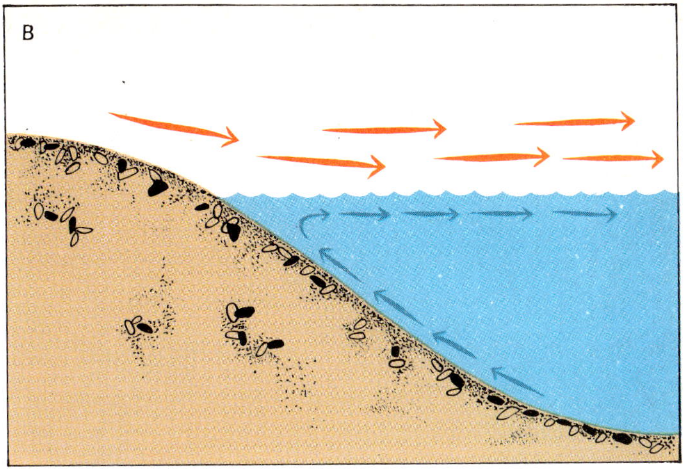

Dieses Phänomen ist an den Südküsten Asiens wichtig, wo die Monsune während der Sommermonate andauernd zum Festland und während der Wintermonate zum Meer hin wehen. Dasselbe Phänomen findet sich auch in den Meeren der Antarktis: Dort wehen fast ständig heftige Winde, die vom Innern des Kontinents kommen.* Diese Festland-Winde treiben einmal die Eisblöcke aufs offene Meer hinaus, die sich vom Eissockel lösen, zum andern bewirken sie auch aufsteigende Strömungen, die die lichtdurchlässigen Oberflächenschichten des Wassers mit Mineralstoffen versorgen. Außerdem ist die Menge an Sauerstoff und Kohlensäure, die dort aufgelöst vorhanden sein kann, höher, da das Wasser sehr kalt ist.

*) Über den Charakter der Antarktis und der heftigen Winde, die vom Inneren her aufs Meer wehen (und die zusammen mit anderen Schwierigkeiten das Vordringen des Menschen in den Kontinent lange verhindert haben), kann man in dieser gleichen Bücherreihe im Band »Die Erforschung der Antarktis« nachlesen.

Das antarktische Plankton, das von den Walfängern im allgemeinen mit dem Ausdruck »krill« bezeichnet wird, stellt die Nahrung für viele Fische und für die großen Blauwale dar, die diese Meere bevölkerten (bevor das große Gemetzel begann, das sie beinahe zum Aussterben verurteilt hat).

Meere mit verschiedenem Wasserspiegel: ist dies möglich?

Die Meeresströmungen verdanken wir jedoch nicht nur der Existenz von Winden, die konstant oder lange Zeit hindurch in eine bestimmte Richtung wehen. Andere Ursachen können eine regelmäßige Ver-

Große Tafeleisberge antarktischen Ursprungs, vom Flugzeug aus inmitten des tauenden Packeises fotografiert. Sie ragen über zehn Meter aus dem Meer heraus und werden von den Strömungen und dem Wind auf das Meer hinausgetrieben.

schiebung einer Wassermasse von einem Ort zum anderen bestimmen. Zu diesen Ursachen gehören die Temperatur des Wassers und seine Salzhaltigkeit, die von großer Bedeutung sind. Diese beiden Ursachen sind untereinander eng verbunden, da eine hohe Temperatur die Verdunstung begünstigt und folglich zu einem Ansteigen des Salzgehaltes des Wassers führt.
Das Mittelmeer ist wesentlich salziger als der atlantische Ozean, mit dem es doch durch die Meerenge von Gibraltar in Verbindung steht. Das heißt, das Mittelmeer enthält im Durchschnitt ungefähr 38 Promille aufgelöste Salze, deren größter Teil aus Natriumchlorid besteht, während die Salzhaltigkeit des Nordatlantiks 35,5 Promille beträgt.
Diese Tatsache kann uns seltsam anmuten, wenn wir daran denken, daß sich in das Mittelmeer (oder in die Meere, mit denen es in Verbindung steht) Flüsse wie der Nil, die Donau, der Po und die Rhône ergießen, die es laufend mit Süßwasser beliefern, also seine Salzhaltigkeit herabsetzen müßten.
In Wirklichkeit bezeichnen wir jedoch das Wasser der Flüsse als »süß« nur als Gegenüberstellung zu dem »salzigen« Wasser des Meeres; aber »süß« bedeutet nicht »ohne jegliches Salz«. Und das Wasser der Flüsse ist keineswegs ohne Salze; wir spüren sie nicht mit dem Geschmackssinn, da sie in sehr viel kleineren Mengen vorhanden sind als im Meerwasser, aber sie sind dennoch da. Wir merken das, wenn wir viele Male Süßwasser in einem Topf kochen lassen und nach einiger Zeit den Boden und die Wände des Topfes mit einer weißlichen Kruste bedeckt finden.
Der Widerspruch zwischen dem »sehr salzigen Mittelmeer« und dem »Süßwasser« der Flüsse, die sich ins

Die Stalaktiten, die in den Grotten vorhanden sind, in die das Wasser durch die Decke hindurchtropft, sind ein klarer Beweis dafür, daß auch das »süße« Wasser Salze enthält. Der von der Decke fallende Tropfen verdunstet zum Teil, bevor er herabfällt, und gibt so die Salze, die er enthält, ab. Diese Salze häufen sich nach und nach an und führen zu der Bildung des Stalaktiten (oder auf dem Boden: des Stalagmiten).

Mittelmeer ergießen, ist also nur scheinbar: die von den Flüssen, wenn auch in kleiner Menge, mitgeführten Salze häufen sich nach und nach im Meer an. Aber wir stoßen gleich auf einen weiteren, seltsamen Widerspruch: das Flußwasser führt vor allen Dingen Karbonate (besonders Kalziumkarbonat) und eine sehr viel kleinere Menge Natriumchlorid mit sich, während im Meer der Prozentsatz an Karbonaten sehr gering ist, wohingegen das Natriumchlorid vorherrscht.

Auch dieser Widerspruch besteht nur scheinbar: die Karbonate gelangen zwar ins Meer, werden aber von vielen Meerestieren (die einen Teil des Planktons ausmachen oder auf den Felsen und auf dem Grund leben) verwendet, um sich schützende Gehäuse zu bauen. Die Muscheln, die wir zu Tausenden am Strand finden (und viele andere mikroskopisch kleine Muscheln, die auf dem Grund der Ozeane wie eine dichte Schlammschicht liegen und die die leeren Behausungen oder die »Skelette« von totem und dann hinabgesunkenem Wassergetier darstellen), sind alle unter Verwendung von Kalziumkarbonat entstanden, das die Flüsse in das Meer transportiert haben. Dies ist der Grund, weshalb das im Meer gelöste Karbonat nur in kleinen Mengen übrigbleibt.

Das Mittelmeer ist also sehr salzig. Dies liegt vielleicht gerade daran, daß es seit Jahrtausenden Wasser von vielen Flüssen erhält. Aber auch aus einem anderen Grund: es befindet sich in der Nähe der tropischen Zone und ist daher einer starken Erwärmung unterworfen, die eine rasche Verdunstung des Wassers hervorruft. Das Resultat dieser starken Verdunstung wäre einerseits ein Ansteigen der Salzhaltigkeit (da das als Dampf entweichende Wasser rein ist, während das von den Flüssen zugeführte ein mit Salzen versetztes Wasser ist) und andrerseits ein Fallen des Wasserspiegels (da die Wassermenge, die in einem Jahr vom Mittelmeer verdunstet, größer ist als die, die es von Flüssen und Regenfällen zugeführt bekommt).

All dies geschieht jedoch nicht: der Salzgehalt steigt nicht an und der Wasserspiegel fällt nicht. In der Tat bringt eine an der Oberfläche verlaufende Strömung durch die Meerenge von Gibraltar laufend weniger salziges Wasser vom Atlantik ins Mittelmeer, das auf diese Weise seinen Wasserstand beibehält, auch wenn er etwa zehn Zentimeter tiefer liegt als der des Atlantik. Gerade die Differenz des Wasserspiegels ist es, die jene Strömung hervorruft und konstant hält. Doch könnte dieses weniger salzhaltige Wasser, das laufend aus dem Atlantik zufließt, zwar die Erhaltung des Wasserspiegels garantieren, nicht aber ein Ansteigen seiner Salzhaltigkeit verhindern; handelt es sich doch in der Tat immer um Wasser, das mit Salz hineinfließt und dann als Dampf abgeht, wobei es sein Salz im Meer beläßt. In der Meerenge von Gibraltar gibt es jedoch eine zweite, geringere Strömung, die nicht an der Oberfläche, sondern auf dem Grund verläuft und vom Mittelmeer eine gewisse Menge Wasser zum Atlantik bringt (kleiner als die, die an der Oberfläche hineinfließt, aber dafür salzhaltiger).

Schema der Oberflächen- und Tiefenströmungen in der Meerenge von Gibraltar.

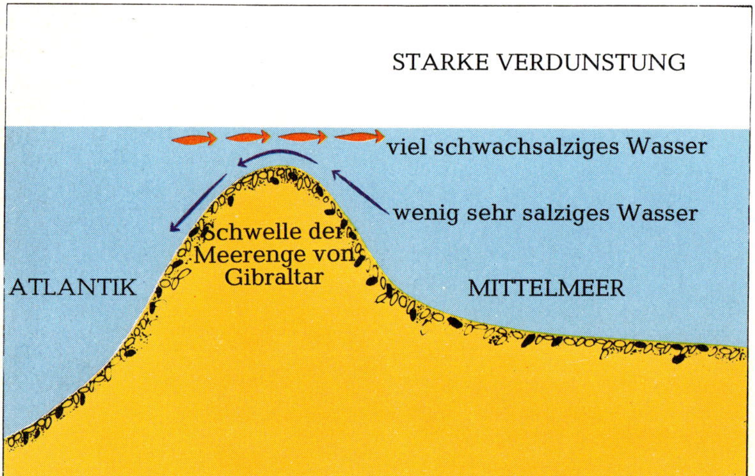

Wie erklärt sich das Vorhandensein dieser Tiefenströmung, die sich in entgegengesetzter Richtung bewegt? Wir wissen, daß das Wasser (bei gleichbleibender Temperatur) um so dichter und schwerer ist, je salzhaltiger es ist. Eine Wassermasse mit einer hohen Salzhaltigkeit sinkt somit leichter auf den Grund und breitet sich dort aus (sie dehnt sich folglich in diesem Fall auch in Richtung der Meerenge von Gibraltar aus und überschreitet sogar ihre Schwelle, um danach in tiefer gelegene Zonen des Atlantiks abzusinken).
Es gibt jedoch Fälle, wo gerade starke Temperaturunterschiede und Salzgehalt die Bildung von Strömungen verhindern: es handelt sich dann um jene Strömungen, die von der Oberfläche zum Grund hin und umgekehrt fließen und die so wichtig für die Zirkulation des Sauerstoffs und der Nährstoffe und damit für die Entwicklung des Lebens im Meer sind.
Schauen wir einmal, was im Schwarzen Meer geschieht. In ein Meer von begrenzter Oberfläche wie dieses ergießen sich die Wasser großer Flüsse wie Donau, Dnjepr und Don. Auf diese Weise haben sich seit langem zwei Wasserschichten übereinander gebildet: an der Oberfläche eine wenig salzhaltige und im allgemeinen wärmere (und aus diesen beiden Gründen leichtere) Schicht; in der Tiefe eine kältere, sehr viel salzigere und daher dichtere und schwerere Wassermenge. Die zwei Schichten sind klar voneinander getrennt, es findet kein Austausch von Wasser von der einen zur anderen Schicht statt: das weniger salzhaltige, wärmere und leichtere Wasser bleibt an der Oberfläche (da auch jene »Rückströmungen«, die vom Wind hervorgerufen werden können, der das Wasser zu den Ufern hintreibt, die Tendenz haben, in der oberen Schicht, wenn auch in einer gewissen Entfernung von der Oberfläche, zu bleiben). Es ist

wahr, daß das Schwarze Meer mit dem Mittelmeer durch die Dardanellen und den Bosporus in Verbindung steht, aber in diesen Meerengen ist das Meer viel weniger tief als in der Meerenge von Gibraltar und erlaubt nur die Passage einer Strömung an der Oberfläche (vom Schwarzen Meer, dessen Wasserspiegel ein wenig höher liegt, zum Mittelmeer). Auf diese Weise gibt es für die tiefliegende und sehr salzhaltige Wassermasse des Schwarzen Meeres keinerlei Austausch, und zwar weder mit dem Wasser an der Oberfläche noch mit den Wassern des Mittelmeeres; und diese Masse ist daher, bezogen auf das sich dort abspielende Leben, praktisch eine »Wüste«.

Meeresströmungen können sich dann noch aus anderen als den bislang betrachteten Gründen bilden. Einer dieser Gründe kann der Unterschied des Wasserstandes zwischen zwei Meeren sein, die zu zwei verschiedenen Ozeanen gehören und untereinander durch einen Kanal verbunden sind, wie es im Fall des Mittelmeeres und des Roten Meeres geschieht, die miteinander durch den Suezkanal verbunden sind. Diese beiden Meere unterliegen starken Verdunstungserscheinungen und sind bemerkenswert salzig: aber der Wasserspiegel des Roten Meeres ist ein klein wenig höher als der des Mittelmeeres und daher fließt laufend eine leichte Strömung vom Roten Meer durch den Suezkanal zum Mittelmeer.

Die Gezeiten, ein kompliziertes Problem

In den Meerengen kann man leicht Strömungen antreffen

Wir haben bereits zwei Gründe gesehen, weshalb sich in einer Meerenge Strömungen bilden: die Differenzen des Wasserstandes und die Unterschiede im Salzgehalt. Ein dritter Grund kann der Wind sein. Ein leichter Wind wirft nur kleine Wellen auf dem offenen Meer auf. Wird dieser Wind nun in eine Meerenge gedrängt, deren Ufer von hohen Bergen gebildet werden, so wird er stärker. Der Wind kann jetzt größere Wellen bewirken und eine mächtige Wassermenge vor sich hertreiben. Aber einer der Hauptgründe für das Entstehen von Strömungen in Meerengen sind die Gezeiten. Die Gezeiten: Hier haben wir eine weitere der eindrucksvollen Bewegungen des Meeres, die der Mensch seit der Antike kennt, für die er jedoch erst in neuerer Zeit eine zufriedenstellende Erklärung gefunden hat.
Wenn wir uns eine Zeitlang am Meer aufhalten und dabei viele Tage hintereinander und womöglich an verschiedenen Orten die Gezeiten beobachten, können wir leicht gewisse Aspekte dieses Phänomens beobachten, die interessante und wichtige Fragen aufwerfen.

Die Grundfrage ist natürlich die: »Warum hebt und senkt sich das Wasser des Meeres in bestimmten Zeitabständen?« Aber ihr folgen weitere: »Warum ereignet sich dieses Phänomen zweimal am Tage?« »Und warum gibt es Orte, an denen sich das Wasser zwar zweimal am Tage hebt und senkt, aber nur einmal sehr wahrnehmbar und das andere Mal kaum merklich?« »Und warum gibt es Küsten, an denen die Flut das Wasser nur etwas über zehn Zentimeter anhebt, während es andere gibt, an denen sie die Höhe von einigen Metern erreicht?« »Und was geschieht, wenn die Flut bei einer Flußmündung um einige Meter ansteigt? Oder innerhalb eines Hafens, wo Schiffe be- und entladen werden?«

Weshalb hebt und senkt sich das Wasser mit den Gezeiten?

Jahrhundertelang haben die Menschen versucht, eine Erklärung für das Phänomen der Gezeiten zu finden, auch wenn es am Mittelmeer, wo die griechische und die römische Kultur blühte, nur in geringerem Maß auftritt. Mit Beginn der großen Fahrten über den Atlantik und danach über die anderen Ozeane im 16. und 17. Jahrhundert wurden sich die Seefahrer darüber klar, daß sich die Gezeiten außerhalb des Mittelmeeres in viel stärkerem Ausmaß abspielen und daß sie für die Schiffahrt auch folgenreich waren. Mehr als in den vorangegangenen Jahrhunderten wurde daher das Phänomen der Gezeiten Gegenstand von Studien für die Astronomie und die Physik, zwei Wissenschaften, die im übrigen gerade im 16. und 17. Jahrhundert mit Kepler, Kopernikus, Galilei und Newton wesentliche Fortschritte gemacht hatten.

An den Küsten Englands, wo der Höhenunterschied der Gezeiten beachtlich ist, sind diese Boote mit der Ebbe auf dem Trockenen geblieben. In ungefähr sechs Stunden werden sie wieder auf dem Wasser schaukeln.

Und eben der Engländer Newton, der große Physiker und Mathematiker, war es, der eine organische Erklärung des Phänomens der Gezeiten vorschlug, eine Erklärung, die mit der Zeit Änderungen und verschiedene Zusätze erfahren hat.
Was ist der Kern dieser Erklärung?
Wenn man sagt, daß der Mond einen Umlauf um die Erde macht, so sagt man eigentlich etwas, das nicht

ganz richtig ist: Richtiger wäre es zu sagen, daß die Erde und der Mond, während sie ihren Umlauf um die Sonne vollführen, beide um einen gemeinsamen Mittelpunkt, R in der auf S. 49 abgebildeten Figur, kreisen, der sich aufgrund der enormen Differenz zwischen der Erdmasse und der Mondmasse viel näher bei der Erde befindet als beim Mond (er befindet sich sogar im Inneren der Erde). Der Erde und dem Mond passiert also ungefähr das, was einem kräftigen Erwachsenen passieren würde, der an den Händen ein Kind um sich kreisen läßt: Erwachsener und Kind würden in Wirklichkeit um einen gemeinsamen Punkt kreisen, der näher bei dem Erwachsenen liegt als bei dem Kind.

Betrachten wir nun das, was auf der Erde bei Punkt A geschieht, der sich dem Mond genau gegenüber befindet, und bei Punkt C, der auf der gegenüberliegenden Seite liegt.

Jeder dieser Punkte unterliegt sowohl einer Zentrifu-

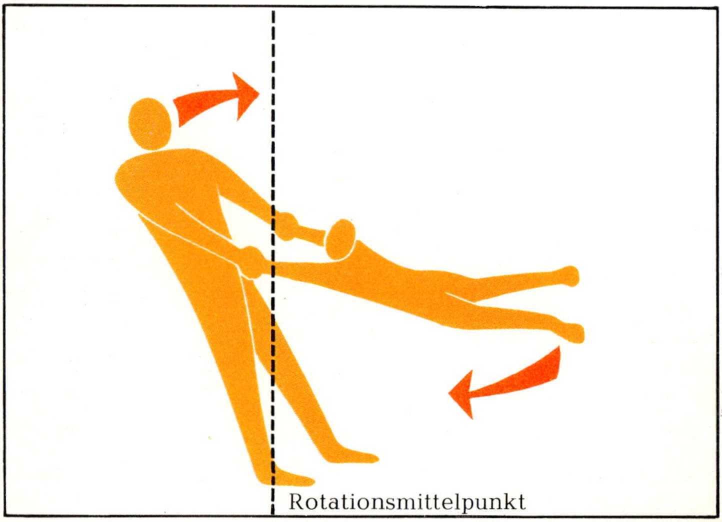

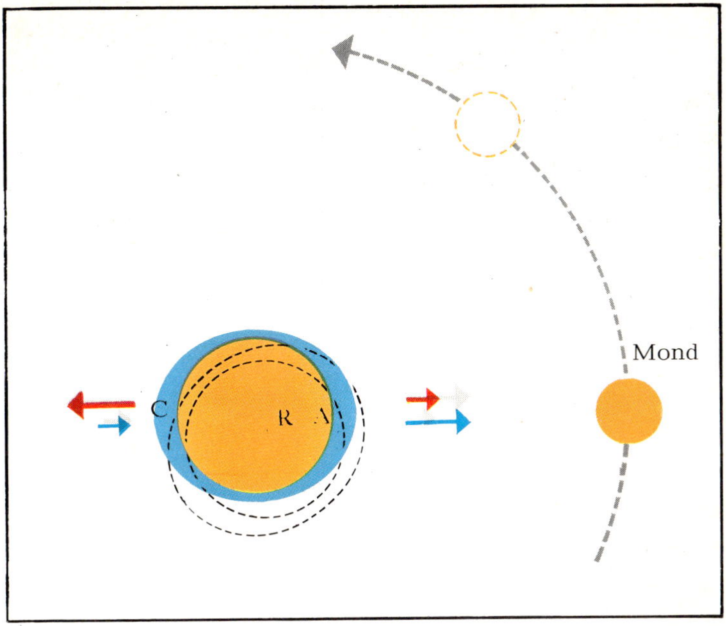

galkraft (Fliehkraft, roter Pfeil) als auch der Anziehungskraft des Mondes (blauer Pfeil). Nur ist diese Anziehungskraft an den Punkten der Erde, die dem Mond näher liegen, spürbarer als an den weiter entfernten Punkten; sie ist also bei A stärker als bei C zu spüren. Es ergibt sich also, daß auf A die Anziehungskraft am stärksten wirkt und daher das Wasser des Ozeans, das dieser Kraft gehorcht, sich zum Mond hin hebt. Bei Punkt C hingegen, der wesentlich weiter vom Mond weg ist, ist die Anziehungskraft sehr viel kleiner und geringer als die Zentrifugalkraft: Das Wasser des Ozeans, das dieser größeren Kraft gehorcht (oder genauer gesagt: der Differenz zwischen der Zentrifugalkraft und der vom Mond ausgeübten Anziehungskraft), hebt sich daher in der dem Mond entgegengesetzten Richtung.

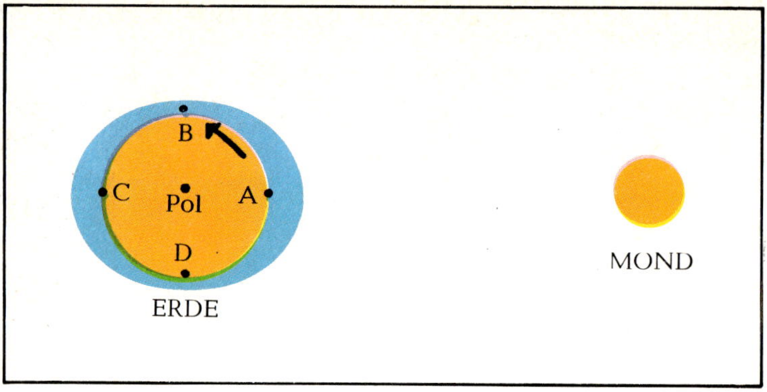

Die Erde wird so dargestellt, wie man sie sehen könnte, wenn man sich über dem Pol befände.

Das Wasser der Ozeane wirft sich also in zwei Anschwellungen auf: einmal in der Richtung des Mondes und einmal in der entgegengesetzten Richtung. Da die Erde in ungefähr 24 Stunden einmal um sich selbst kreist, könnte eine Person, die sich von Punkt A aus in Pfeilrichtung mit der Erde mitbewegt, folgendes beobachten: Die ersten sechs Stunden bis zum Punkt B fällt das Wasser ab, in den nächsten sechs Stunden bis C steigt es an; von C nach D erfolgt ein erneutes Absinken des Wassers, von D nach A in den letzten sechs Stunden ein erneuter Anstieg bis zum Höchststand. Die Person würde also während des Ablaufs eines ganzen Tages zwei Fluten (A und C) und zwei Ebben (B und D) sehen. In diesem Fall pflegt man von Halbtags-Gezeiten zu sprechen: das heißt, ein ganzer Gezeitenzyklus umfaßt ungefähr 12 Stunden.*

*) Die Anschwellungen, die wir eben gesehen haben, folgen dem Mond und jede einzelne von ihnen läuft in ungefähr 27 Tagen einmal ganz um die Erde; dies ist auch die Zeitspanne, die der Mond benötigt, um seinen Umlauf um die Erde zu vollenden. Die Person, von der wir sprechen, würde mehr als 24 Stunden, und zwar im

Die Person, von der wir eben gesprochen haben, würde das Wasser jedoch nicht immer im gleichen Maß steigen und fallen sehen. An gewissen Tagen kann es vorkommen, daß man das Wasser während der Flut sehr hoch steigen und während der Ebbe sehr tief fallen sieht, und an anderen Tagen, daß es sehr viel weniger ansteigt und abfällt. Oder es kann vorkommen, daß man am Morgen eine sehr starke und am Abend eine kaum wahrnehmbare Flut sieht. Wieso?

Diese Höhenunterschiede, die man zwischen den verschiedenen Gezeiten beobachten kann, auch wenn man immer am gleichen Ort bleibt, können verschiedene Gründe haben.

Einer dieser Gründe, und zwar ein sehr wichtiger, liegt in der unterschiedlichen Anziehungskraft, die vom Mond auf das Wasser ausgeübt wird und die von der Anziehungskraft der Sonne und der Stellung der beiden Himmelskörper zueinander abhängt. In der Tat übt die Sonne eine Anziehung aus, wenn sie auch kleiner ist als die des Mondes: obwohl sie sehr viel weiter entfernt ist als der Mond, hat sie doch eine sehr viel größere Masse.

Wenn der Mond und die Sonne sich der Erde gegenüber mehr oder weniger auf einer Linie befinden (Seite 52, Figur A), wie dies zweimal im Monat geschieht, wenn der Mond sich zwischen der Erde und der Sonne oder auf der der Sonne entgegengesetzten Seite

Durchschnitt genau 24 Stunden und 50 Minuten benötigen, um sich neuerdings in Übereinstimmung mit der Anschwellung A zu befinden, die sich innerhalb der 24 Stunden ein wenig verschoben hat, da sie dem Mond bei seiner Rotation folgt. Diese Person würde daher nicht alle 12, sondern alle 12 Stunden und 25 Minuten einer Flut begegnen. Aus diesem Grund ereignet sich die Flut nicht jeden Tag zur gleichen Stunde, sondern jeden Tag mit einer gewissen Verspätung gegenüber dem vorhergehenden Tag.

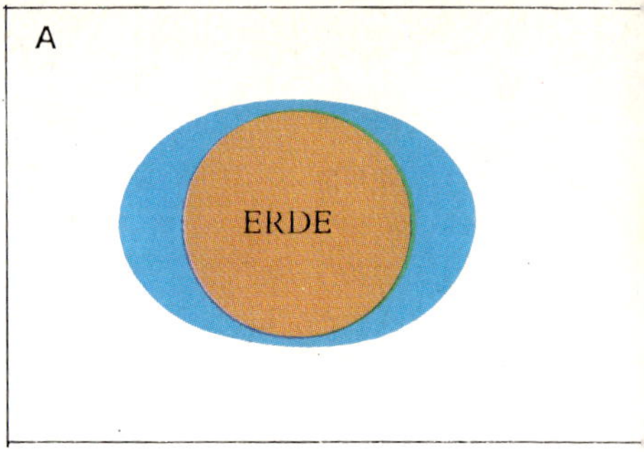

(A) Wenn Sonne und Mond sich auf der gleichen Linie befinden, dann summieren sich ihre Anziehungskräfte und es kommt zu »Vollmond«- oder zu »Neumondgezeiten«, die sehr hoch sind.

befindet, dann summieren sich ihre Einflüsse, die Anschwellungen sind größer und es entstehen sehr hohe Fluten und auch sehr ausgeprägte Ebben. Diese sehr großen Fluten ereignen sich ungefähr alle zwei Wochen, weil dies die Zeitspanne ist, die der Mond benötigt, um von dem Punkt, an dem er auf einer Linie mit der Sonne steht (»Vereinigungsphase«), zu dem entgegengesetzten Punkt (»Oppositionsphase«) zu gelangen. Diese hohen Gezeiten werden Gezeiten des Voll- und des Neumondes genannt.

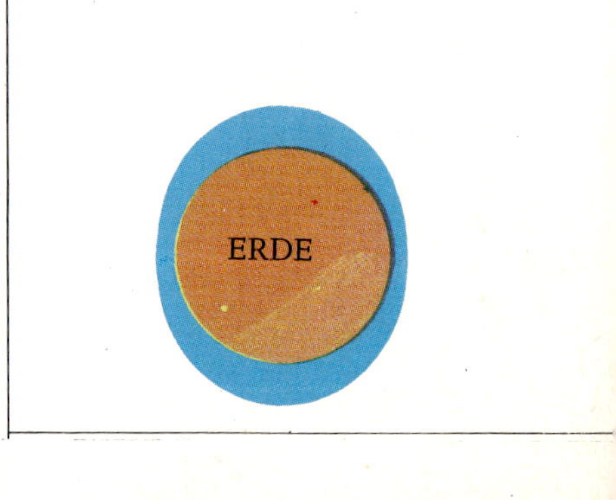

(B) Wenn sich Sonne und Mond in den auf diesem Bild angegebenen Positionen befinden, dann summieren sich ihre Anziehungskräfte nicht mehr. Die Anziehungskraft des wesentlich näherliegenden Mondes ist größer, und das Wasser steigt auch jetzt in Richtung Mond, aber nicht mehr so stark. Dies ergibt die Gezeiten in der Phase des ersten und des letzten Viertels des Mondes.

Wenn der Mond sich dagegen in einer Position wie auf Bild B befindet, summieren sich die Anziehungskräfte der Sonne und des Mondes nicht mehr, sondern jede ruft für sich ein Anschwellen der Ozeane hervor. Da jedoch der vom Mond ausgeübte Einfluß sehr viel größer ist, erfolgt das Anschwellen in Richtung des Mondes, ist aber geringer. Die mit der Erde kreisende Person würde daher ein geringes Ansteigen des Wassers (während der Flut) und ein geringes Fallen (während der Ebbe) sehen. Diese »minimalen«

Gezeiten ereignen sich auch ungefähr alle zwei Wochen, wenn der Mond gegenüber der Erde und der Sonne eine »abgewinkelte« Position einnimmt.
Ein weiterer Grund, der zur Änderung der Gezeiten am gleichen Ort führen kann, ist die Änderung der Distanz des Mondes von der Erde. Der Mond beschreibt um die Erde keine kreisförmige, sondern eine elliptische Bahn: Es gibt einen Punkt, das Perigäum, wo er sich ungefähr 354000 km von der Erde entfernt befindet und wo seine Anziehungskraft auf der Erde spürbarer ist, also höhere Gezeiten hervorruft; nach ungefähr zwei Wochen befindet er sich dagegen am weitest entfernten Punkt, dem Apogäum, in ungefähr 404000 km Entfernung: Seine Anziehungskraft ist auf der Erde etwas schwächer spürbar und die Gezeiten sind daher niedriger.
Dann gibt es noch einen dritten, wichtigen Grund für die Veränderung der Gezeiten am gleichen Ort. Betrachten wir das Bild auf Seite 55: Es stellt die Erde an zweien der verschiedenen Punkte dar, an die sie während ihres Umlaufs um die Sonne zu stehen kommt: die Sommer-Sonnenwende und die Tag- und Nachtgleiche im Herbst. Während der Sommer-Sonnenwende befindet sich die Sonne nicht dem Äquator, sondern einer Parallele gegenüber, die ungefähr 23 Grad nördlich des Äquators liegt und die dem Wendekreis des Krebses entsprechen. Auch der Mond kommt bei seinem Umlauf um die Erde ungefähr gegenüber dem Wendekreis des Krebses zu stehen. Was geschieht dann? Eine der beiden Anschwellungen der Flut ereignet sich genau am Wendekreis des Krebses; die andere aber, die sich auf der gegenüberliegenden Seite der Erde ereignet, hätte ihre größte Höhe auf dem Wendekreis des Steinbocks ungefähr 23 Grad südlich des Äquators.

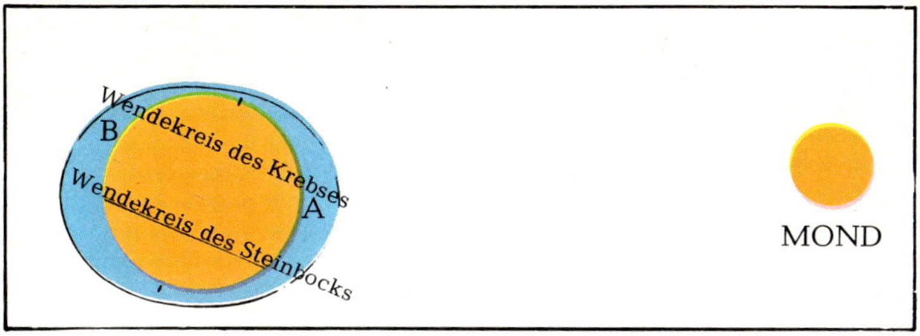

Die Erde ist hier so gezeigt, wie man sie sehen könnte, wenn man sich über dem Äquator befände.

Daher würde eine Person, die sich auf dem Wendekreis des Krebses am Strand des Ozeans am Punkt A der Figur befindet, eine hohe Flut erleben; danach (wenn diese Person nach und nach der Erde auf ihrem Umlauf folgen würde, dabei natürlich aber auf dem Wendekreis des Krebses bleibt) würde sie das Wasser immer mehr sinken sehen (Ebbe). Und sie sähe schließlich, an Punkt B angelangt, nicht eine zweite hohe Flut, sondern nur ein ganz geringes Ansteigen des Wassers (oder sogar gar kein Ansteigen, wenn der Strand von Ländern umgeben ist, die die Verlagerung von Wassermassen behindern), da der Punkt des größten Anstiegs sehr weit von ihr entfernt gegen Süden zu liegt. In 24 Stunden würde diese Person das Wasser also nur einmal sehr ansteigen sehen (wenn sie sich bei A befindet): in diesen Fällen pflegt man nicht mehr von Halbtags-, sondern von Ganztagsgezeiten zu sprechen.
Wenn sich die Erde jedoch der Tag- und Nachtgleiche im Herbst nähert, ändern sich die Dinge: Die Sonne befindet sich nun dem Äquator gegenüber und auch der Mond kann dorthin zu stehen kommen: Dann hätten die zwei Anschwellungen beide ihren Maximalpunkt auf dem Äquator. Die Person würde, wenn sie

immer am Wendekreis bleibt, während des Ablaufs von 24 Stunden nicht mehr einer einzigen sehr großen Flut beiwohnen, sondern zwei ein wenig kleineren und sehr ähnlichen Fluten: jener Punkt des Wendekreises durchquert die beiden Anschwellungen in einer gewissen Entfernung von ihrer maximalen Höhe und deshalb sind dort die Gezeiten wieder zu dem Halbtagszyklus zurückgekehrt.
Es ist klar, daß die horizontale Verlagerung der Gezeiten von imposanten Wassermassen begleitet ist, da der Wasserspiegel in einem Gebiet nur dann ansteigen kann, wenn weiteres Wasser zu dem schon vorhandenen zufließt. Die Gezeiten führen daher zu Strömungen, die sehr stark sein können und die sich im Zeitraum von wenigen Stunden bilden, aufhören und ihre Richtung wechseln können. Sie sind von einem zum anderen Tag oder von einer Jahreszeit zur anderen an Intensität verschieden.
Wenn die Erde ganz vom Meer bedeckt und das Meer überall gleich tief wäre, dann könnten die Wassermassen sich frei bewegen und verlagern; die Ozeane sind jedoch von Kontinenten umgeben, die mit tiefen Buchten, Vorgebirgen und Flußmündungen ein sehr unregelmäßiges Profil haben; sie sind mit Inseln übersät und ihre Tiefe variiert beachtlich von einer Stelle zur anderen. Die in Bewegung befindlichen Wassermassen können daher aufgehalten, verlangsamt oder in andere Richtungen gelenkt werden, und all dies führt zu weiteren Unregelmäßigkeiten bei den Gezeiten. Wir können somit auf Stellen der Erde stoßen, wo die Gezeiten gewöhnlich sehr hoch sind (zum Beispiel die dem Atlantik zugewandten französischen oder englischen Küsten), und andere Stellen, wo sie kaum spürbar sind (zum Beispiel die Küsten des Mittelmeeres). Und es ist klar, weshalb das so sein muß. Um den

Wasserspiegel des Mittelmeeres sehr anzuheben, wäre das Zufließen von gewaltigen Wassermassen notwendig, die die Möglichkeit haben müßten, im Zeitraum von wenigen Stunden durch die Meerenge von Gibraltar einzudringen und dann während der Ebbe wieder herauszufließen. Die Existenz dieser Meerenge behindert aber die Verlagerung solcher Mengen an Wasser und so hat das Mittelmeer Gezeiten geringeren Ausmaßes, auch wenn es vom Atlantik Wasser erhält: das, was sich wirklich ereignet, ist nur eine periodische Umfüllung vom östlichen zum westlichen Mittelmeer und zurück, und zwar durch die Straße von Sizilien und die Straße von Messina (neben einer Wasserschwankung innerhalb jedes einzelnen Beckens).
Das Wasser des Atlantiks kann sich dagegen ziemlich frei zu den europäischen oder amerikanischen Küsten hin verlagern und dort während der Flut anschwellen.

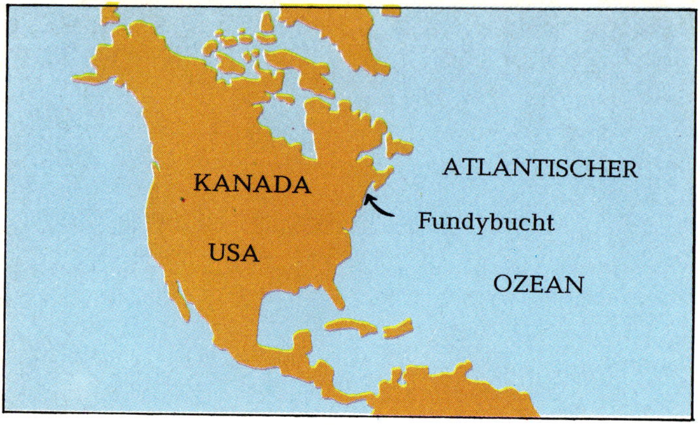

Die höchsten Fluten der Welt

Gerade weil das Wasser des Ozeans sich frei verlagern und an den Rändern der Kontinente auch zwei oder drei Meter ansteigen kann, können wir auch andere Phänomene beobachten, die die Differenz zwischen den Gezeiten an den verschiedenen Stellen unseres Planeten noch größer machen. Wenn sich eine Wassermasse des Ozeans in Richtung Küste verlagert und auf eine Bucht stößt, die tief in das Land hin-

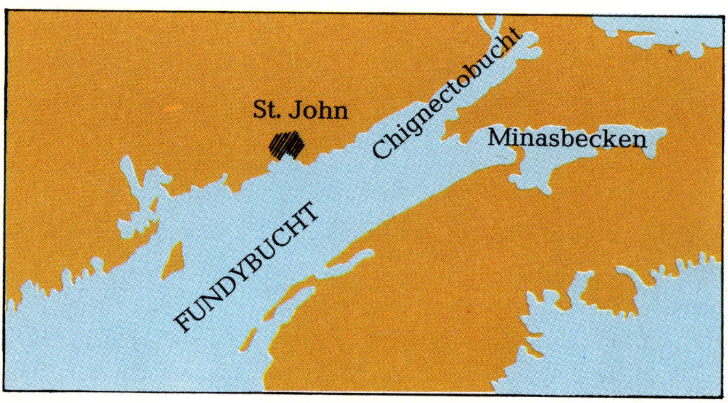

einreicht, wobei sie sich wie ein Trichter verjüngt, dann staut sich die Gezeitenwelle in diesem Trichter auf; da die Seiten der Bucht enger werden, wird der Wasserstand des dort eingedrungenen Wassers immer höher, da es laufend von nachdrängendem Wasser vorwärtsgedrückt wird.
Die Foundybucht an der atlantischen Küste Kanadas weist genau diese Eigenschaften auf, wie man auf der auf S. 58 unten abgebildeten Figur sehen kann. Am Anfang der Bucht kann die Flut die Höhe von beinahe drei Metern erreichen. Aber gegenüber dem Städtchen St. John beträgt sie bereits 7½ Meter. In einem der Becken, in die sich die Bucht gegen Nord-Ost hin aufteilt, erreicht die Flut 14 Meter und in dem anderen Becken kann sie bis zu 15½ Meter anwachsen. Wenn dann aus Süd-West noch starke Winde wehen, deren Druck zu dem der Wassermasse des Ozeans hinzukommt, dann kann in diesem Becken die Flut weit über 17 Meter ansteigen. Wir können uns die Kraft der Strömung vorstellen, die viermal am Tage durch die Bucht läuft: Die Bucht ist mehr als 100 km lang und in einem guten Teil ihrer Länge zwischen 50 und 30 km breit; die Wassermasse, die zweimal am Tag hinein- und wieder herauslaufen muß, ist also gewaltig.

Die Flut stößt auf einen Fluß

Was geschieht aber, wenn die Wassermasse einer Ozeanflut sich der golfähnlichen Mündung eines Flusses statt einer am Ende geschlossenen Bucht gegenüber befindet? Auch eine Flußmündung weist eine langgestreckte, trichterähnliche Form auf. Wir haben aber in diesem Fall zwei neue, wichtige Faktoren: die Flußströmung, die sich in entgegengesetzter Rich-

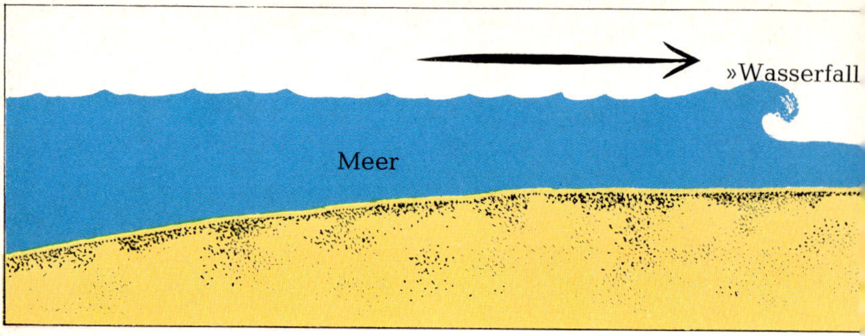

tung zu der der Flutwelle bewegt, verlangsamt sie; und der Grund steigt vom offenen Meer an rasch und regelmäßig bis zu einer Tiefe von nur wenigen Metern an und auch dies trägt dazu bei, die Flutwelle zu verlangsamen.

Die Flutwelle, die die Mündung eines Flusses hinauffließt, hebt sich also und bricht sich genau wie die Wellen des Meeres, die an einen Strand schlagen; da es sich aber um eine äußerst lange Welle handelt, verschwindet sie nicht wie an einem Strand, wenn sie sich gebrochen hat; da sie ständig von der dahinter befindlichen Flut weitergeschoben wird, bricht sie sich laufend während ihrer Flußaufwärtsbewegung (wie die Figur auf den Seiten 60–61 zeigt).

Das heißt, sie sieht aus wie ein kleiner, sich fortbewegender Wasserfall, der die ganze Breite des Flusses einnimmt; aber zum Unterschied zu normalen Wasserfällen fällt das Wasser nicht vom Berg zum Tal, sondern vom Tal zum Berg.

Die Wasserwand oder der »Wasserfall« einer solchen Flutwelle kann ein, zwei oder auch mehrere Meter hoch sein und wenn er vorüber ist, hat sich der Wasserspiegel des Flusses gehoben; er steigt aber weiterhin, wenn auch langsamer, während der folgenden halben Stunde an, da mit dem »Wasserfall« nur der

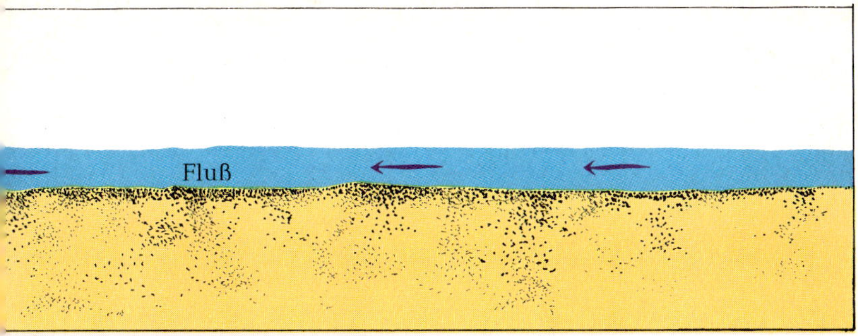

frontale Teil der Welle vorübergeflossen ist, während der Wellenkörper erst noch kommt.
In Europa gibt es bei einigen französischen Flüssen wie der Seine und der Gironde bescheidene »Wasserfälle«. Die bedeutendsten finden wir auf dem Amazonas, dem riesigen Strom, der Brasilien durchquert, und auf dem Jangtsekiang, einem chinesischen Fluß, der sich unweit von Shanghai in die Fluten des Westchinesischen Meeres (Pazifik) ergießt. Der »Wasserfall« des Amazonas fließt den Fluß sogar bis zu 800 km hinauf und ist den Eingeborenen gut bekannt, die bei seinem Herannahen, das von weitem durch das Getöse des stürzenden Wassers angekündigt wird, eilig die Boote aus dem Wasser ziehen und an den oberen Zweigen der Bäume in Sicherheit bringen.
Die Gezeiten rufen nicht nur in den Buchten oder Flußmündungen Strömungen hervor, sondern auch, und zwar oft als großartiges Naturschauspiel, bei den Meeresengen, die zwei Meere untereinander verbinden. Hier können sie sehr heftig werden und zu einer großen Gefahr anwachsen.
Schauen wir zum Beispiel, was im südlichen Teil der Ozeane, südlich Afrikas, Australiens und Amerikas und nördlich der Antarktis geschieht. Hier sind die drei Ozeane untereinander verbunden; die Winde,

Der »Wasserfall«, vom Flugzeug aus beobachtet, wie er sich den Amazonas hinaufschiebt.

die beständig von Westen her wehen, die Wellen und die Strömungen, die sie vor sich hertreiben, und die Flutwellen selbst können sich Tausende Kilometer lang frei ausdehnen, ohne auf Hindernisse zu stoßen. Es gibt jedoch eine Stelle, wo dieser »Ring« aus Ozeanwasser, der um die ganze Welt wandert, stark zusammengezogen wird: wo der südlichste Zipfel Amerikas, Feuerland, sich einer Halbinsel nähert, die von der Antarktis nach Norden hin reicht, dem Graham-Land. Dies ist die Drake-Straße, die die Schiffe passieren, indem sie sich nahe an Feuerland halten und Kap Hoorn umschiffen. Hier ist das ganze Jahr über und besonders während der Wintermonate die Durchfahrt äußerst gefährlich; wegen der stürmischen Winde, der heftigen Strömungen, des Nebels, der umhertreibenden antarktischen Eisberge und der großen Wogen, die sich an den Felsen brechen.

Der Mensch und die Bewegungen des Meeres

Diese vielfältigen Bewegungen, denen die Wasser des Meeres unterworfen sind, sind dem Menschen in vielen Fällen nützlich; in anderen dagegen erweisen sie sich als schädlich oder sogar gefährlich.

Die Nützlichkeit der Wellen

Beginnen wir damit, die Wellen zu betrachten.
Man könnte meinen, daß sie eigentlich zu gar nichts nütze sind, aber das ist nicht wahr. Die Sturmwellen lassen Fische oder anderes Seegetier auf dem Strand zurück, das eingesammelt und als Nahrung verwendet werden kann. Außerdem werfen die Wellen Schaum auf, wenn sie sich auf hoher See, an den Felsklippen oder am Strand brechen; da sie so Luft in sich aufnehmen, reichern sie das Wasser mit Sauerstoff (der für die Tiere des Meeres lebensnotwendig ist) und mit Kohlenstoff an (die für die Pflanzen, die im Wasser und auf dem Grund leben, unentbehrlich ist). Außerdem verdunstet das salzige Wasser der Gischt, die der Wind wegträgt (wie man auf dem Foto sieht), sehr rasch; das darin enthaltene Salz schwebt in der Luft und trägt zur Bildung jener Milliarden von mikroskopischen Körnchen bei, die als »Kondensations-

kern« die Verwandlung von Wasserdampf in Wolken und in Regen ermöglichen.*

Die Oberfläche des Meeres wird, wenn sie sich in Wellen aufwirft, größer, als wenn sie vollkommen glatt ist, und auch dies erleichtert den Gasaustausch zwischen Wasser und Atmosphäre und den Übertritt des vom Pflanzenplankton und den anderen Meerespflanzen produzierten Sauerstoffs in die Atmosphäre.

Das von den Wellen bewirkte Vermischen des Wassers der Oberfläche (das direkte Sonnenbestrahlung erhält) erleichtert außerdem das Erwärmen der tiefer liegenden Wasserschichten. Wer im Sommer in ruhigem Wasser schwimmt, und zwar besonders im Wasser eines Sees, findet es oft wärmer, als wenn es von Wellen bewegt ist: in der Tat bleibt das warme Wasser dann an der Oberfläche, während bei Wellengang ein Teil des wärmeren Wassers in die Tiefe gedrückt wird und kälteres Wasser nach oben dringt; dies wird mit dem warmen Wasser der Oberfläche vermischt und senkt dessen Temperatur, bis die Sonne es wieder erwärmt hat. So wird eine größere Wassermasse erwärmt und speichert diese kostbare Wärme auf, um sie nach und nach im Winter wieder abzugeben, wodurch das Klima an den Ufern eines Sees milder bleibt.

*) Diese Salzkörnchen bilden einen Teil der »Kondensationskerne« für den in der Luft enthaltenen Wasserdampf. Aber woher kommen die anderen Kerne, die die Bildung von Nebel und Wolken im Inneren der Kontinente, also ein gutes Stück vom Meer entfernt, ermöglichen? Und was für Voraussetzungen sind notwendig, damit der in der Luft vorhandene Wasserdampf um diese Kerne kondensieren kann und so die mikroskopisch kleinen Tropfen bildet, aus denen die Wolken bestehen? Und wie verwandeln sich die Wolken in Regen? Ist es möglich, die Wolken dazu zu »zwingen«, sich in Regen zu verwandeln, das heißt, künstlich Regen hervorzurufen? Diese und ähnliche Probleme werden in dem in dieser Bücherreihe erscheinenden Band »Wie wird das Wetter?« behandelt.

Die negativen Auswirkungen des Wellenganges

Die Wellen können jedoch auch ein Hindernis und eine Gefahr für den Menschen werden. Sie können zum Beispiel nach und nach ein an der Küste gelegenes Land unterhöhlen und es in das Meer abrutschen lassen. Oder sie können das Abfahren und Anlegen von Schiffen verhindern, wenn sie mit Wucht an den Strand oder an einem Riff aufschlagen. Auf hoher See bringen die Wellen die Schiffe zum Schlingern (das heißt, nach rechts und links zu schwanken) und zum Stampfen (das heißt, der Länge nach zu schwanken, wobei sie mit dem Bug eine Bewegung machen, die der eines pickenden Vogels ähnelt). Außer der Seekrankheit, die diese andauernden Bewegungen hervorrufen können, wenn man nicht an den Wellengang gewöhnt ist, setzen sie die Ladung des Schiffes ständigen Schüben aus und man muß sie daher gut absichern, damit sie nicht im Kielraum hin- und herrutscht. Außerdem bedeuten sie für den Schiffskörper ständige Belastungen. Dies geschieht besonders in jenen Fällen, wo der Wind so heftig ist, daß die Wellen sich zu Brechern aufbäumen und regelrechte Wassermassen gegen die Seitenwände des Schiffes

oder das Steuer geschleudert werden und sich über die Decks ergießen. Dies kommt auch vor, wenn die Wellen hoch und lang sind, sich aber nicht brechen. Ein langes Schiff, das eine Welle hinauffährt, kann mit dem ganzen Bug plötzlich in die Luft ragen (Bild A) und Gefahr laufen, in zwei Stücke auseinanderzubersten, da das Gewicht des Bugs vollkommen auf dem Rest des Schiffskörpers lastet und nicht mehr vom Wasser gestützt wird; oder das Schiff kann, wenn es in ein Wellental hineinfährt, mit dem Bug ins Wasser eintauchen (Bild B) und von unten einen so heftigen Stoß nach oben bekommen, der es auch in diesem Fall in zwei Teile bersten lassen kann.
Die Schiffe, die in einer Reede mit niedriger Wassertiefe vor Anker liegen, wo die langen Wellen sich in Wogen und Brecher verwandeln, laufen Gefahr, von der Verankerung losgerissen zu werden und auf den Strand aufzulaufen oder an Felsen zu zerschellen. Dies ist der Grund, weshalb die Schiffe den Anker ziemlich weit draußen auswerfen, es sei denn, sie könnten in einem Hafen Schutz finden.
Der Mensch hat auf verschiedene Weise versucht, sich vor diesen gefährlichen Wellen zu schützen; zum Beispiel durch den Bau von Schiffen mit geeignetem

B

Körper. Die Schiffe der Antike, die das Mittelmeer entlang den Küsten und zwischen den Inseln befuhren und die beim Herannahen eines Sturmes leicht anlegen konnten, kamen auch ohne »Decks« aus. Die Schiffe, die im Mittelalter die großen Wogen des Atlantik kreuzten, hatten dagegen ein »Oberdeck«, das den Kielraum bedeckte und dadurch das von den Wellen über das Schiff geschleuderte Wasser hinderte, in sein Inneres zu fließen und dadurch die Ladung zu durchnässen und schwerer zu machen: das Wasser lief über das Deck und aus zahlreichen Öffnungen in den Seitenwänden heraus ins Meer zurück. Auf den Oberdecks wurden neue Konstruktionen aufgebaut, wie die Achterdecks, die Vorder- und Hinterdecks; sie boten vor den auf das Oberdeck eindringenden Wellen Schutz und erlaubten eine bessere Sicht über das vom Sturm aufgewühlte und von der Gischt verhüllte Meer. Auf den spanischen Galeonen wurde das Hinterdeck möglichst hoch gebaut, mit mehreren Etagen übereinander und mit zum Mittelteil des Schiffes hin schrägen Decks, um zu verhindern, daß ein Neigen des Segelschiffs zum Heck hin die Leute direkt ins Meer fallen ließe. Die großen, modernen Ozeandampfer können den Wellen dank ihrer robusten Konstruktion und ihres Materials standhalten: ihre Länge erlaubt ihnen, sich gleichzeitig auf mehrere Wellen »aufzustützen«, wenn diese nicht übermäßig weit voneinander entfernt sind; so können sie besser eine ausgeglichene Linie beibehalten, ohne dauernd in ein Wellental hinunter- und auf einem Wellenkamm hinauffahren zu müssen.

Die Weltraumkapsel Apollo 7 ist bei ihrer Rückkehr zur Erde auf dem Meer niedergegangen. Der Wellengang kann die Bergung von Raumfahrzeugen stark behindern.

Wie kann man einen Hafen vor starkem Wellenschlag schützen?

Die Häfen werden gegen den Ansturm der Wellen durch wellenbrechende Deiche geschützt, die auf verschiedene Arten angeordnet werden, und zwar oft ziemlich weit draußen, um die Manöver der Schiffe bei der Ein- und Ausfahrt zu erleichtern.
Wie muß man einen wellenbrechenden Deich konstruieren? Was für eine Form kann man ihm geben? Jetzt, wo wir wissen, wie sich die Wellen auf hoher See und bei den Küsten bewegen, können wir auf diese Frage besser antworten.
Man kann den Deich ziemlich weit draußen bauen, wo das Wasser noch tief ist. Hier finden die Wellen noch keinen Grund. Sie bewegen sich nur von oben nach unten in einfachen Schwingungsbewegungen. (Siehe hierzu den Vergleich mit dem Seil auf S. 9). Die Wellen transportieren noch keine Wassermassen vor sich her. Ein Deich dieser Art könnte demnach eine vertikale oder fast vertikale Wand haben (S. 70 Bild A): In der Tat würden sich die Wellen hier noch als Wasserbewegungen präsentieren, die vor allem nach

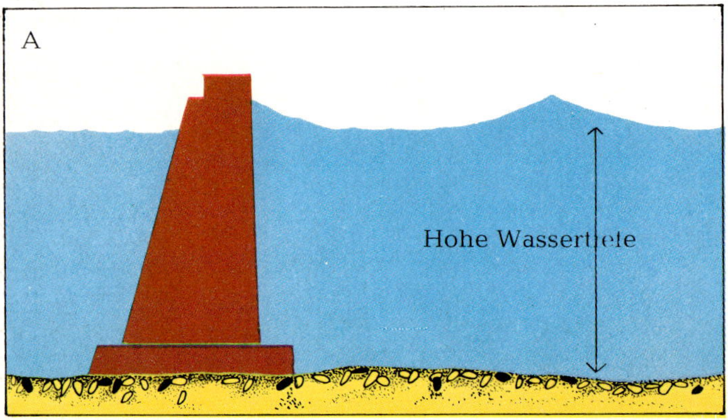

oben und nach unten gerichtet sind, und nicht schon als horizontale und zum Ufer hinlaufende Bewegungen.

Doch ist die Konstruktion eines derartigen Deiches nicht leicht, da er an einer Stelle gebaut werden muß, wo das Wasser auch während der Ebben tief genug bleibt. Außerdem besteht bei vielen Häfen am Ozean immer die Gefahr, daß außergewöhnlich lange Wellen, zum Beispiel die eines Meerbebens, den Boden dennoch »spüren« und sich in ungeheuere Brandungswellen verwandeln: diese enormen Wassermassen, die zu gleicher Zeit gegen die gesamte Fläche einer glatten und senkrecht zu ihrer Bewegung angeordneten Wand schlagen, würden leicht diese Mauer zerbrechen.

Eine andere Bauweise für wellenbrechende Deiche ist daher die, ihnen ein Profil wie das einer Böschung zu geben, indem man in das Meer große Zementblökke oder enorme Felsbrocken ablädt und aufeinander häuft (S. 71 Bild B). In diesem Fall entlädt sich die Energie der anrollenden Wellen auf eine größere Oberfläche, und zwar sowohl deshalb, weil diese Oberfläche schief ist, als auch weil sie durch die Blöcke sehr unre-

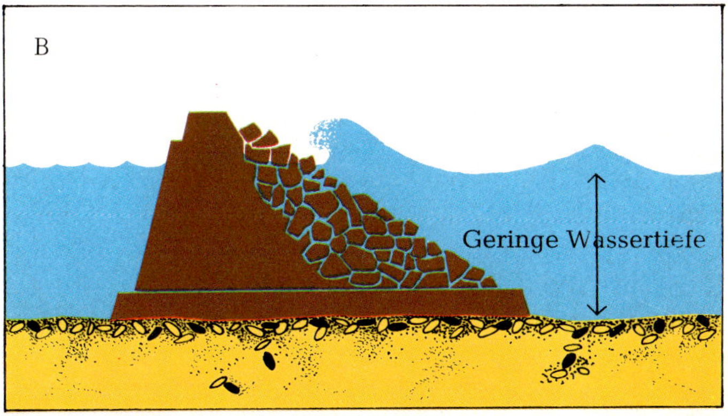

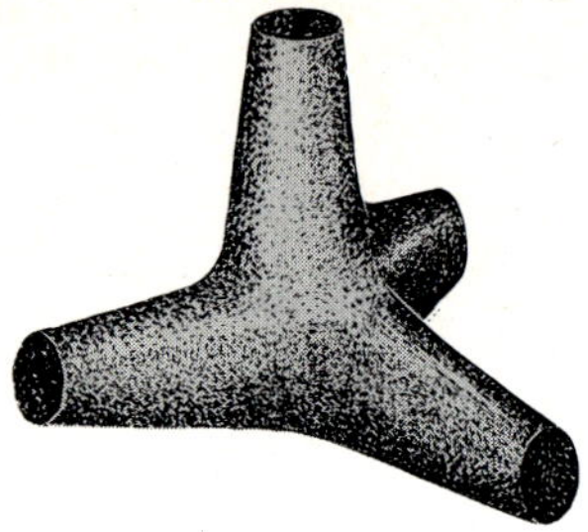

Ein »Vierfuß«

gelmäßig ist. Man hat genau studiert, wie die Blöcke anzuordnen sind und welche Maße und Formen sie haben müssen. Und es scheint, daß sich Betonblöcke mit vier Füßen, die »Tetrapoden« mit vielen Tonnen Gewicht, besonders gut eignen: Sie verschachteln sich leicht ineinander und halten daher dem Druck der Wellen, die sie zu verschieben suchen, besser stand; sie bieten den Wellen eine sehr ausgedehnte Oberfläche, abgerundete Formen und zahlreiche Öffnungen, in die das Wasser hineinlaufen und worin es zirkulieren kann, wodurch es schrittweise seine zerstörerische Energie verliert.

Die Strömungen können dem Menschen nützlich sein

Auch die Meeresströmungen können sich für den Menschen als sehr nützlich erweisen. Ihre Existenz trägt hauptsächlich dazu bei, jene großen Mengen an Wärme, die die Erde von der Sonne vor allem in den äquatorialen und tropischen Regionen erhält, auch auf die Gebiete zu verteilen, die vom Äquator entfernt liegen. Bestimmte nördliche Teile der Kontinente wie Nordeuropa, die Westküsten Kanadas oder

Japan hätten ein sehr viel rauheres Klima, wenn sie nicht von warmen Meeresströmungen äquatorialer Herkunft umspült würden.
Die Strömungen begünstigen auch die Verbreitung des Lebens im Meer, indem sie die von den Flüssen ins Meer getragenen Nährstoffe von einem Gebiet zum anderen tragen. Auch das Plankton oder (wie der Wind es mit bestimmten Samen macht) die Milliarden von Eiern, die die Fische ins Wasser legen, können sich auf diese Weise überallhin verbreiten und leichter die für die Entwicklung der Larven geeigneten Bedingungen finden. Die Eier, die die europäischen Fluß- und Seeaale nach einer langen Reise durch den Atlantik bis in die Sargassosee (bei den Küsten Amerikas) ablegen, öffnen sich. Die Larven werden dann vom Golfstrom in Richtung Europa transportiert: während dieser Reise, die Jahre dauert, haben sie Zeit, zu wachsen und bei ihrer Ankunft in Europa sind sie ausgewachsene Aale.
Ein bezeichnendes Beispiel für die Bedeutung, die in dieser Hinsicht die Strömungen haben können, wird uns mit den Ereignissen entlang der Küsten von Peru geliefert. Peru nimmt in bezug auf den Fischfang einen der ersten Plätze in der Welt ein: warum wohl?
Auf Seite 37 haben wir bereits gesehen, wie üppig in den Meeren der Antarktis das Plankton vorhanden ist, und zwar aufgrund der Mineralstoffe, die von den aufsteigenden Strömungen an die Oberfläche gebracht werden, und der starken Konzentration von Sauerstoff und Kohlensäure, die durch die niedrige Temperatur des Wassers ermöglicht wird.
Ein guter Teil dieses Planktons wird vom Humboldtstrom, der Peru umspült, nach Norden transportiert. Und das Vorhandensein einer so reichlichen und laufend erneuerten Nahrungsquelle führt dazu, daß auch

die Fische, die sich von Plankton nähren, und die Raubfische, die sich von kleineren Fischen nähren, sehr zahlreich auftreten. Daher ist verständlich, wie auch sehr zurückgebliebene Fischfangtechniken wirksam sein können: zum Beispiel, wie auf Seite 95 beschrieben wird, eine Schnur mit einem Angelhaken auch ohne Köder in das Wasser zu tauchen und häufig ruckartig daran zu ziehen: in so dicht mit Fischen besiedelten Wassern wird letztlich immer irgendein Fisch anbeißen.

Dieser außergewöhnliche Fischreichtum ermöglicht auch eine dichte Bevölkerung mit Seevögeln, deren Exkremente, die sich auf den Felsen anhäufen, das »Guano«, einen sehr geschätzten Dünger abgeben. Die Auswirkungen einer Meeresströmung werden also indirekt auch weit entfernt auf den Feldern des Festlandes spürbar.*

Ein intelligentes Ausnützen der Meeresströmungen (und der herrschenden Winde) erleichtert außerdem die Schiffahrt. Die Segelschiffe, die von Europa nach Amerika fuhren, konnten bei der Hinfahrt den Kanarenstrom (und die Passatwinde von Nord-Ost) und bei der Rückreise auf einer nördlichen Route den Golfstrom und die Westwinde ausnützen.

Die großen »Clipper«, die perfektioniertesten und schnellsten Segelschiffe, die in der Zeit der Segelschiffahrt gebaut worden sind, verbanden im vergangenen Jahrhundert England mit Australien, und zwar

*) Die Geschehnisse entlang der Küste Chiles, die vom Humboldtstrom umspült wird, sind ein besonders augenscheinliches Beispiel von ökologischem Gleichgewicht, von der gegenseitigen Abhängigkeit der Lebewesen und ihrer Umgebung. Über das ökologische Gleichgewicht und über die Faktoren, die seine Zerstörung bestimmen können (wobei an erster Stelle das unsinnige Eingreifen des Menschen steht), kann man in dem Band »Wie reguliert sich die Natur« aus dieser Bücherreihe nachlesen.

für den Woll- und Kornhandel und für die Umsiedlung der Emigranten; sie verfolgten dabei eine Route, die im Hinblick auf die Kilometer sicherlich länger war als die Route »England – Kap der Guten Hoffnung – Australien« und Rückreise auf dem gleichen Weg, zeitlich aber kürzer und technisch einfacher.

Das Plankton und die Fische, die vom Humboldtstrom die Küste Perus entlang transportiert werden, nähren Millionen von Seevögeln, deren Exkremente wie ein Mantel aus Schnee diese Felsen bedekken und das »Guano« bilden, das in der Landwirtschaft als kostbarer Dünger verwendet wird. Diese ist ein Beispiel dafür, wie die Bewegungen des Meeres auch auf das Leben auf dem Festland Einfluß nehmen können.

Die Clipper gelangten zum Kap der Guten Hoffnung, indem sie bis zum Äquator den Kanarenstrom und nach dem Äquator den Brasilstrom benutzten; dann kamen sie in den Bereich der Westwinde und der subantarktischen, westlichen Strömungen, die sie in Richtung Osten bis nach Australien vorwärts trugen. Die Rückreise erfolgte nicht auf dem gleichen Weg; die Schiffe vertrauten sich wieder den subantarktischen, westlichen Winden und Strömungen an und überquerten so den ganzen südlichen Pazifik bis zu Kap Horn am äußersten Südzipfel Südamerikas; dann durchfuhren sie den Atlantik in Richtung Europa, wobei sie jedoch eine andere Route als bei der Hinfahrt benutzten und sich näher bei Afrika hielten, um den Benguelastrom und die Süd-Ost-Passate auszunützen.
Eines der berühmtesten Beispiele für das gezielte Ausnützen der Meeresströmungen ist die von dem Forschungsreisenden Nansen gegen Ende des letzten Jahrhunderts durchgeführte Reise durch das Arktische Meer. Nansen hatte festgestellt, daß die Trümmer eines von den Eismassen bei den Küsten Sibiriens zermalmten Schiffes nach einigen Jahren auf dem Strand Grönlands wiedergefunden worden waren, das sich gegenüber dem Pol genau auf der entgegengesetzten Seite befindet. Er vermutete, daß eine Meeresströmung sie zusammen mit den schwimmenden Eismassen, die das Packeis bilden, mit sich geführt hatte, wobei sie den Pol überquerten. Er ließ daher ein besonders konstruiertes Schiff bauen, das dem Druck der Eismassen standhalten konnte, und ließ sich dann freiwillig von den Eismassen des Pack-

Wenn ein Regattaboot »vor dem Wind« segelt, kann es ein Segel mehr setzen, und zwar den Spinnaker, den der Wind fast wie einen farbigen Ballon aufbläst.

123

eises an der sibirischen Küste einschließen. Sein Schiff kam nicht über den Pol, näherte sich ihm jedoch, wobei es in dreijähriger Fahrt der Abtrift des Eises folgte. Als Nansen sich darüber klar wurde, daß das Schiff nicht über den Pol kommen würde, verließ er es und versuchte, zusammen mit einem Gefährten zu Fuß mit den Schlitten zum Pol zu gelangen; er erreichte den Pol nicht, aber er kam ihm näher als irgendjemand in den vorhergegangenen Jahren.
Ein weiteres Beispiel zum antarktischen Gebiet: der englische Forschungsreisende Shackleton hatte am Vorabend des ersten Weltkrieges die Überquerung des antarktischen Kontinents geplant. Nur wurde sein Schiff von den Eismassen zermalmt, bevor er landen konnte. Er konnte sich mit der Mannschaft und einigen Schaluppen auf ein Felseninselchen, die Elefanteninsel, retten, die vollkommen abseits der von den Schiffen verfolgten Routen liegt. Niemand wäre ihnen zu Hilfe gekommen, weil niemand die Schiffbrüchigen in jenem Gebiet vermutete (das Radio existierte noch nicht) und der Winter kurz bevorstand. Shackleton entschloß sich daher, mit einigen Männern mit einer Schaluppe auf die Suche nach Hilfe aufzubrechen. Die nächstgelegenen zwei Orte, die von Walfischfängern bewohnt waren, befanden sich einer im Westen, in einer Entfernung von ungefähr 80 km (auf den Falklandinseln) und der andere nach Osten zu in mehr als 800 km Entfernung auf Süd-Georgien, einer weiteren, abgelegenen Insel im Ozean. Wohin entschloß sich Shackleton? Nach Osten in Richtung Süd-Georgien. Denn dorthin konnten ihn die herrschenden Strömungen und Winde tragen. Die abenteuerliche Fahrt dauerte ungefähr zwei Wochen und endete für die gesamte Expedition glücklich.*

Unangenehme Auswirkungen, die von einer Strömung hervorgerufen werden.

Die Meeresströmungen können jedoch auch unangenehm für den Menschen werden. Offensichtlich sind sie ein Hindernis für den, der gezwungen ist, sie in entgegengesetzter Richtung zu befahren; denn er muß häufige Berechnungen anstellen, um die eigene Position und die einzuhaltende Route festzulegen. Die Strömungen, denen man bei den Meerengen begegnet, können außerdem – wie wir schon gesagt haben – eine große Gefahr darstellen, vor allem bei Nebel. In der Tat gilt auch für die Meeresströmungen das, was wir auf Seite 32 von den Passatwinden gesagt haben, und zwar die Tendenz, von der geradlinigen Bahn abzuweichen: so kommt es vor, daß eine Strömung, die eine Meerenge passiert, sich nicht in gleicher Entfernung zwischen den beiden Ufern hält, sondern sich zu einem der Ufer hin verlagert (wie es zum Beispiel bei der Strömung der Fall ist, die vom Atlantik in das Mittelmeer fließt, die näher an der afrikanischen als an der europäischen Küste verläuft).
Unangenehm ist auch, daß die Strömungen Verunreinigungen auf ein weites Gebiet verteilen. So hat sich zum Beispiel das Mineralöl, das aus einem im Ärmelkanal auseinandergeborstenen Tankschiff ausgelau-

*) Nansen versuchte, den Nordpol zu erobern und Shackleton den Südpol. Beide gelangten ganz in die Nähe ihres Zieles, ohne es jedoch ganz erreichen zu können. Die Schwierigkeiten, denen sie begegneten, waren trotz der großen Verschiedenheit der zwei Gebiete ähnlich. Welches sind die hauptsächlichen Unterschiede zwischen der Arktis und der Antarktis? Und welches die gravierendsten Schwierigkeiten, die viele Jahre lang alle Versuche, bis zum Südpol vorzudringen, scheitern ließen?
Diesen Themen ist ein Band aus dieser Bücherreihe gewidmet: »Die Erforschung der Antarktis«.

fen war, mit den Strömungen auf einen großen Bereich des Meeres verteilt und schließlich die englischen und französischen Strände verschmutzt.
Eine Meeresströmung bewirkt, wenn sie auf eine Küste trifft, Veränderungen, die – je nachdem, wie man die Sache betrachtet – angenehm oder unangenehm sein können: das heißt, sie bestimmt die Verlagerung von großen Sandmassen von einer Stelle zur anderen, wobei sie einen Strand abträgt und damit einen anderen neu schafft. Folgendes geschieht dabei: die auf den Strand schlagenden Wellen heben den Sand an und die Strömung, die sich parallel zum Strand bewegt (die manchmal durch eben diese Wellen erzeugt wird, wenn sie ein wenig schräg an den Strand kommen), transportiert diesen im Wasser schwebenden

Sand anderswohin. Der Schaden wird doppelt groß, wenn dieser Sand in der Nähe eines Hafens oder vor seiner Einfahrt abgelagert wird.
Um diese Sandtransporte zu verhindern oder um zu erreichen, daß sich der von der Strömung fortgetragene Sand ablagert, werden an vielen Badestränden in einer Entfernung von einigen hundert Metern »Wellenbrecher« gebaut, das heißt molenähnliche Konstruktionen, die aus aufeinandergeschichteten Steinblöcken bestehen und die sich über zehn Meter weit in das Meer hinein erstrecken (wie auf dem Foto auf S. 80). Diese »Wellenbrecher« unterbrechen die Strömung und zwingen sie, weiter draußen vorbeizufließen; sie schützen daher den Strand vor Erosion. Dadurch, daß sie Strudel in der Strömung hervorrufen, können sie auch die Ablagerung eines Teils des mitgeführten Sandes bewirken.

Nützlichkeit und Unannehmlichkeiten der Gezeiten

Auch die Gezeiten können vom Menschen auf verschiedene Weise ausgenützt werden, und dennoch stellen sie für ihn in manchen Fällen eine Unannehmlichkeit oder eine Gefahr dar.
Eine Gezeitenströmung kann von einem Schiff ausgenützt werden, um eine Meerenge schneller zu durchfahren, in eine tiefe Bucht vorzudringen, leichter auf das Meer hinaus zu kommen oder einen Fluß aufwärts zu fahren. Wir haben gesehen, daß der »Wasserfall« auf bestimmten großen Flüssen eine tägliche Gefahr darstellt. Aber die Chinesen, die an den Flußufern des Jangtsekiang leben, haben gelernt, seine Gefahren zu umgehen und die Vorteile auszunützen. Vor seiner Ankunft ziehen sie die Boote auf Plattformen an den

Ufern, die von einem Wellenbrecher geschützt sind, der den Zweck hat, die Stoßkraft des »Wasserfalls« zum Fluß hinabzuleiten. Und kaum ist er vorbei und der Wasserspiegel hat sich gehoben, schieben sie ihre Boote wieder in den Fluß und lassen sich von der Strömung, die – wie wir gesehen haben – immer weiter, aber langsamer, ansteigt, flußaufwärts tragen. Sie fahren auf diese Weise flußaufwärts ohne für die Fortbewegung Energie aufwenden zu müssen; die Rückfahrt kann mit der Rückflut erfolgen.
Ein Schiff, das auf eine Sandbank aufgelaufen ist, kann die Flut abwarten, die das Schiff anhebt und ihm somit die Weiterfahrt ermöglicht. Nehmen wir nun an, daß die Flut, die nach einigen Stunden eintritt, nicht ausreicht, um das Schiff loszubringen und daß es auch nicht genügt, einen Teil seiner Ladung zu löschen; dann besteht noch die Möglichkeit, die Gezeiten des Voll- oder des Neumondes abzuwarten, die höher als die normalen sind, und zu hoffen, daß in der Zwischenzeit kein starker Sturm aufkommt.
Die Hebekraft der Gezeiten kann im übrigen außer für das Flottmachen eines Schiffes auch dafür verwendet werden, ein gesunkenes Boot vom Grund anzuheben und an Land zurückzubringen, wenn es auf gleichmäßigem und leicht ansteigendem Meeresboden und gleichzeitig in einer Zone liegt, wo starke Gezeitenbewegungen stattfinden. Die Methode besteht darin, über der Stelle, an der das Boot liegt, zwei oder mehrere schwimmende Pontons (große, hohle Kästen aus Metall oder Beton) nebeneinander zu bringen und dann Ketten oder Metalltaue herabzulassen, die die Taucher unter dem gesunkenen Schiffsrumpf hindurchziehen. Die Ketten oder Taue werden im Augenblick der Ebbe straff gezogen (Seite 83, A) und man wartet auf die Flut, die die Pontons anhebt und

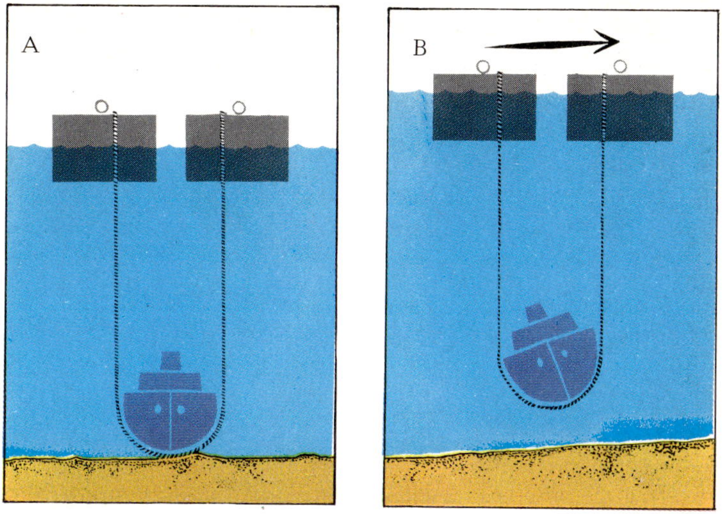

damit auch den Schiffsrumpf; die Pontons werden dann sofort zusammen mit dem Schiffsrumpf, den sie tragen, in etwas niedrigeres Wasser gezogen (Seite 83, B) und hier beginnt die gleiche Operation von vorne.

Mit den periodischen Strömungen, die die Gezeiten in der Nähe der Küsten und der am Meer gelegenen Städte und Häfen schaffen, leisten sie einen nützlichen Beitrag zum Leben der Menschen. Die Strömungen bewirken einen periodischen Wasseraustausch und tragen dadurch dazu bei, den Wasserspiegel vor der Stadt und ihrem Hafen sauber zu halten. Betrachten wir zum Beispiel Venedig: wenn es dort nicht täglich die Gezeitenströmungen gäbe, die in allen Kanälen zirkulieren, würde das stehende Wasser rasch verschmutzen und stinken.

Einige Städte, die sich in Gebieten befinden, wo das Meer im Winter zufriert, können dank der Gezeiten ihren Hafen frei von Eisgang halten: die Eisbrecher

zerstoßen die gefrorene Oberfläche in viele Blöcke, die von der Rückflut der Gezeiten dann in das offene Meer transportiert werden. Zum Beispiel ist es auf diese Weise möglich, den Hafen von New York (einer Stadt, die, obwohl sie fast auf dem gleichen Breitengrad wie Neapel liegt, von einer vom arktischen Eismeer kommenden kalten Strömung umspült wird) während des ganzen Jahres eisfrei zu halten.
Die periodische Verlagerung von großen Wassermassen durch die Gezeiten wird auch für den Fischfang ausgenützt. Mit dem Wasser verlagern sich auch beachtliche Mengen von Fischen: es genügt daher, in

An der französischen Atlantikküste, wo die Gezeiten sehr stark sind, wird der Mont St. Michel zweimal am Tag zu einer Insel. Während der Ebbe zieht sich das Wasser mehrere Kilometer weit zurück, wobei es den sandigen Grund bloßlegt.

der Strömung große, vertikale Rahmen aufzustellen, mit denen die Netze gestützt werden, um einen Teil dieser Fische zu fangen, wie es zum Beispiel von den Fischern der Foundybucht gemacht wird.
So wie die Wellen der Gezeiten für den Fischfang verwendet werden, so können sie auch für die Landwirtschaft nützlich sein (auch wenn das auf den ersten Blick seltsam erscheinen mag). Die Gezeitenwelle, die einen Fluß hinauffließt, ist in der Tat nicht nur auf jenen Bereich des Flusses begrenzt, wohin mit der Flut das Salzwasser des Meeres gedrungen ist, sondern sie überträgt sich auch auf das weiter flußaufwärts befindliche Süßwasser und verbreitet sich in ihm, wobei sie den Wasserspiegel anhebt: diesen angestiegenen Wasserspiegel können sich die Bauern zunutze machen, um die Felder in der Nähe des Flusses zu bewässern oder die Reisfelder unter Wasser zu setzen.
Seit geraumer Zeit gibt es Überlegungen, die Kraft der Gezeitenströmungen zur Energieerzeugung zu verwenden, deren Bedarf aufgrund der gegenwärtigen Krise und der Aussichten auf ein allmähliches Versiegen einiger traditioneller Quellen wie der Kohle und des Öls immer spürbarer wird. So wie es hydroelektrische und thermoelektrische Kraftwerke gibt, genauso könnte es »gezeitenelektrische« Kraftwerke geben.* Ein derartiges Kraftwerk könnte man

*) Das Problem der Energiequellen wird mit dem raschen Anwachsen der Bevölkerung der Welt und mit dem Versiegen der traditionellen Quellen wie Kohle und Öl immer akuter. Wie kann man die traditionellen Quellen rationeller ausschöpfen? Welche weiteren Energiequellen stehen heute zur Verfügung? Wie könnte man die Sonnenwärme, die Kraft des Windes, die der Gezeiten und die der Meeresströmungen direkt ausnützen? Welche Aussichten bietet die Verwendung der Atomenergie? Dies sind Probleme, die in der heutigen Diskussion den ersten Rang einnehmen.

erhalten, indem man am Eingang einer engen und tiefen Bucht oder an der Mündung eines Flusses an einer Stelle mit großen Gezeitenausschlägen eine Sperre schafft und die periodischen Strömungen dazu verwendet, Turbinen anzutreiben. In der Tat hat man genau das an verschiedenen Orten getan, zum Beispiel an der französischen Atlantikküste.

Die kombinierte Verwendung einer Meeresströmung und des Gezeitenflusses ist auch die Grundidee für ein kühnes Projekt, das zu einer tiefgreifenden Umwälzung der klimatischen Gegebenheiten einer Region der Sowjetunion führen könnte, die am Pazifik liegt und sich heute durch ein übermäßig kaltes Klima auszeichnet.

Um den Kern dieses Projekts zu verstehen, muß man die Karte auf S. 87 aufmerksam studieren. Wie man sieht, werden die Küsten Japans von dem großen Warmstrom Kuro-Schio umspült, der im Pazifik eine ähnliche Funktion hat, wie der Golfstrom im Atlantik. Die lauwarmen Wasser einer Abzweigung des Kuro-Schio-Stromes dringen durch die Meerenge von Korea in das japanische Meer vor, aber nicht in das Ochotskische Meer, das weiter nördlich liegt und daher viel kälter bleibt. Folglich weisen die Ufer des japanischen Meeres ein mehr oder weniger temperiertes Klima auf, während die Küsten des Ochotskischen Meeres ein äußerst rauhes, winterliches Klima haben. Es wäre jedoch falsch zu sagen, daß die lauwarmen Wasser des Kuro-Schio überhaupt nicht in das Ochotskische Meer dringen: denn sie fließen mit den Gezeitenströmungen dort ein, die sich jeden Tag im Tartarischen Sund zwischen der Küste des asiatischen Kontinents und Sachalin bilden; sie kommen mit der Flut hinein, fließen jedoch mit der Rückflut nach einigen Stunden wieder heraus.

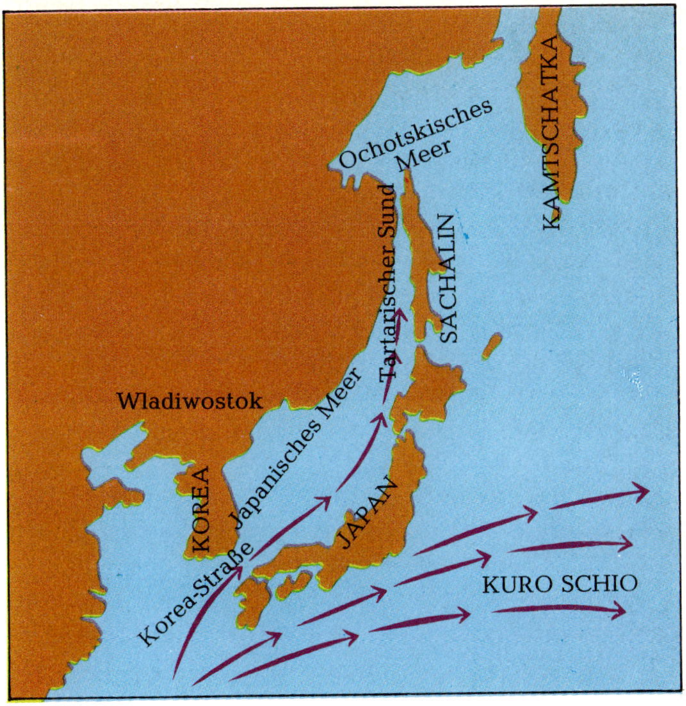

Das Projekt bestände nun darin, in der Meerenge der Tartaren zwischen dem Festland und der Insel eine große Sperre zu bauen mit Schotts, die sich automatisch nach Norden hin unter dem Druck der Gezeitenströmung öffnen und somit einen Teil der lauwarmen Wasser des Kuro-Schio hineinfließen lassen und die sich wenige Stunden später unter dem Druck der Rückflutströmung wieder schlössen, da diese die kaum hereingekommenen lauen Wasser wieder nach Süden abtransportieren würde. Die lauwarmen Wassermassen würden auf diese Weise jedesmal im Ochotskischen Meer festgehalten und würden auf anderen Wegen in den Pazifischen Ozean zurückkehren.

Aber wenn die Gezeiten einerseits für den Menschen von Nutzen sein können, so können sie andrerseits auch echte Gefahren darstellen. In den Häfen, die sich in Zonen befinden, wo die Gezeiten stark ausgeprägt sind, heben und senken sich die großen, bei den Lade- und Löschkais vertäuten Schiffe alle sechs Stunden und deswegen müssen die Vertäuungen laufend geändert werden, um zu verhindern, daß die Taue reißen oder sich zu stark lockern. Zudem müssen die Geräte für das Laden und Löschen andauernd der veränderlichen Höhe des Schiffes am Kai angepaßt werden. Wie könnte man diese Unannehmlichkeit ausschalten?

Eine Lösung bestünde darin, die Schwankungen der Gezeiten auszuschalten, indem man den Hafen mit einem doppelten Deich absperrt, das heißt also mit einer »Schleuse«, die den Schiffen das Ein- und Ausfahren, nicht aber dem Wasser der Gezeiten das Herein- und Herauslaufen erlauben würde. Aber das wäre eine kostspielige, komplizierte Lösung, die große Zeitverluste kosten würde und die auch den Vorteil der periodisch erfolgenden Säuberung des Hafens durch die Strömungen der Gezeiten ausschaltete.

Eine einfachere Lösung, die zum Beispiel im englischen Hafen Liverpool angewendet worden ist, wo die Flut manchmal eine Höhe von zehn Metern erreichen kann, ist die Konstruktion einer »schwimmenden Mole« aus Pontons, die sich zusammen mit dem Schiff heben und senken. Die schwimmende Mole von Liverpool ist 750 Meter lang und 25 Meter breit.

Die Gefahren, die die Flut mit sich bringt, sind vor allen Dingen plötzliche und heftige Strömungen; auch kann das Wasser bei Ebbe unter die Grenze sinken, die für den Tiefgang der Schiffe noch möglich ist; die Schiffe, die mit der Flut in Zonen mit niedriger

Wassertiefe gefahren sind, riskieren auf diese Weise, aufzulaufen oder gegen unter Wasser befindliche Felsen zu stoßen.

Diese Gefahren waren sicherlich sehr viel größer für die Seefahrer, die sich zum ersten Mal in unbekannte Zonen des Meeres wagten. Heute sind sie wesentlich

Wenn der Leuchtturm nicht da wäre, könnte die Mannschaft eines Schiffes wegen der Brandung vielleicht nur in ihrer allernächsten Umgebung feststellen, daß dort knapp unter der Oberfläche gefährliche Felsen sind. Der Leuchtturm ist daher ein unverzichtbares Hilfsmittel der Seefahrt.

geringer geworden: die Studien und die unzähligen Beobachtungen und Erhebungen, die viele Jahre lang über die Gezeiten in allen Teilen der Welt durchgeführt worden sind, haben das Anfertigen von Seekarten ermöglicht, die Angaben über das Verhalten der Gezeiten in den verschiedenen Gebieten enthalten. Außerdem ermöglichten sie, für die wichtigsten Häfen und Meerengen »Gezeitentabellen« aufzustellen, die jedes Jahr veröffentlicht werden und die für jeden Tag im Jahr die wesentlichen Eigenschaften der Gezeiten angeben: die voraussichtliche maximale und minimale Höhe, die Stunde, zu der die Strömungen einsetzen, ihre Geschwindigkeit und Richtung, ihre eventuelle Turbulenz und schließlich die Stunde, zu der die Flutströmung aufgehört und die Rückflutströmung noch nicht begonnen hat oder umgekehrt.
Die Vorhersage der Gezeiten hat eine Einschränkung der durch das Wasser hervorgerufenen Gefahren ermöglicht. Wir haben »einschränken« und nicht »ausschalten« gesagt. Es gibt noch sehr viele Stellen wie Buchten, die nur von kleinen Schiffen, nicht aber von großen aufgesucht werden, die in den »Gezeitentabellen« fehlen und für die in den Karten nur summarische Angaben stehen oder gar keine. Und auch für die Meerengen und Häfen, die in den Tabellen enthalten sind, kann sich die Wirklichkeit anders als die Vorhersage abspielen: ein unvorhergesehener Wind, der vom Meer her weht, kann den Wasserspiegel über das vorhergesehene Maß ansteigen lassen; oder ein außergewöhnlich hoher Luftdruck kann (als Folge des größeren Gewichts der Luftmasse, die an jener Stelle auf der Meeresoberfläche lastet) den Wasserstand während der Ebbe über die Grenzen hinaus sinken lassen, die für jenen bestimmten Tag von den »Gezeitentabellen« angegeben sind.

Zeugnisse und Dokumente

Das »Pferdchen« in der Brandung

Entlang der südamerikanischen Westküste verläuft der Humboldtstrom, der planktonreiches antarktisches Wasser nach Norden schiebt. Der hohe Nährstoffgehalt dieser kühlen Strömung aus dem südlichen Pazifik hat natürlich einen ungewöhnlichen Fischreichtum zur Folge.
Um jedoch an diesen Reichtum der Natur heranzukommen, muß man sich von der Küste entfernen und den »flüssigen Wall« überwinden, der von den riesigen, sich meist weit vor der Küste überschlagenden Ozeanbrechern gebildet wird.
Seit Jahrhunderten bewältigen die einheimischen Fischer dieses Hindernis mit Hilfe ihrer »caballitos de totora«. Totora ist eine Gattung der Seesimse, eine Art Binsengras, das in zahlreichen südamerikanischen Süßwasserlagunen wächst. Kunstvoll werden diese Binsen zu einem hornförmigen Boot gebündelt, auf dem sich der Fischer in kniender Stellung – wie unsere Bilder zeigen – der Brandungslinie nähert und über den Wellenhang prescht wie eben ein Pferdchen (caballito) über eine Hürde.

Der mittlere Abschnitt der südamerikanischen Pazifikküste besteht strichweise aus schroffen Felsenklippen, zwischen denen kleine und größere Fischerhäfen eingenistet liegen, zum weitaus größten Teil aber grenzt der Stille Ozean im südlichen Amerika an endlose flache Sandstrände, auf denen die Ozeanbrandung mit voller Wucht aufschlägt, ohne dabei einem Hindernis zu begegnen. Die meist seichten Küstengewässer bewirken außerdem, daß sich die Brandungswelle vor dem Überschlagen zu einer wahren Mauer aufbäumt, die alles andere als flüssig zu sein scheint; lebendiges, tobendes Wasser, das sich in eine drohend näherrollende Steilwand verwandelt. Und um diese

Steilwände zu bezwingen, kniet sich der wellenreitende Fischer mutig auf sein Binsenpferdchen. Kein modernes Boot wäre imstande, eine solche Hürde zu nehmen, ohne dabei zu kentern oder randvoll mit Wasser gefüllt zu werden. Ein »caballito« kann dagegen weder kentern noch kann es vom Wasser überschwemmt werden, zumal es ein geschlossener Körper ohne Hohlraum ist.
Diese Eigenschaften sind es auch, die dieses einzigartige Wasserfahrzeug nicht ins Museum verbannt haben – etwa wie die Boote der alten Ägypter und Phönizier –, sondern es zu einem lebendigen Arbeitsinstrument des Menschen machen, das bis zum heutigen Tage noch keinen »modernen« Ersatz gefunden hat.
Überall dort, wo das Meer von weitläufigen Sandstränden begrenzt wird und sich riesige Wogen im seichten Wasser überstürzen, ist und bleibt das »caballito« eines der unerläßlichen Hilfsmittel der südamerikanischen Ozeanfischer. Wo Steilküste in das Meer abfällt und die tosende Ozeanbrandung direkt an den Klippen und Steinbänken zerbricht, dort also, wo den Fischern von den vielen Einbuchtungen Schutz geboten wird, kommen moderne Motorboote jeder Art und jeder Größe zum Einsatz. An den endlos scheinenden Flachküsten aber, deren Brandungslinie für jedes moderne Boot ein unüberwindbares Hindernis darstellt, findet das »caballito de totora« nach Jahrtausenden noch seine tägliche Verwendung.
Das Abenteuer beginnt, indem der Fischer sein »caballito« ins Wasser schiebt, sich breitbeinig auf dessen Rücken setzt und in schnellen Zügen zu paddeln anfängt. Unter unaufhörlichem Weiterpaddeln sticht er durch die ersten Brandungsausläufer und erreicht somit in Kürze das Gebiet, in dem es brenzlig wird. Mit unheilvollem Getöse nähert sich die erste steile Wassermauer. »Besonders wichtig ist es dann«, erklärte mir einer der Fischer, »daß die Welle genau frontal angegangen wird, denn trifft sie mich schräg und haut mich aus dem »Sattel«, dann ist's unweigerlich aus. Die Wucht des Brechers würde mich vom »caballito« trennen – das wäre das Ende, denn zu stark ist die Strömung zwischen einer Brandungswoge und der nächsten, als daß es einem gelingen könnte, ans Ufer zurückzuschwimmen.«
Die Wahrscheinlichkeit eines solchen »Schiffbruchs« ist aber äußerst gering, weil diese Fischer bereits seit ihrer

Kindheit die Pferdchen reiten und darin eine ganz außergewöhnliche Geschicklichkeit besitzen. Jeder Fischer weiß in jeder Situation genau, wie er sich zu verhalten hat: Kurz bevor die tonnenschwere Wassermenge auf ihn einstürzt, kniet er sich auf die Binsen, weil er dadurch – trotz des prekären Gleichgewichtes – erheblich schneller paddeln kann. So schnell wie nur irgend möglich durch den Wasserhang durchzukommen, ist nämlich eine der grundlegenden Bedingungen. Für die Länge eines Augenblickes verschwinden Mann und Boot im Wellenschaum. Kaum kommen sie hinter der weiterrollenden Wassermauer wieder zum Vorschein, bereiten sie sich sofort auf den nächsten Zusammenprall vor, denn sechs bis sieben Brandungslinien gilt es zu überwinden, um in die richtigen Fischgründe zu gelangen. Ein Hindernis nach dem anderen wird genommen, und nach weniger als einer halben Stunde ist das Ziel dann erreicht. Von der Küste aus sind der Fischer und sein »caballito« dann nur noch schwer zu erkennen; das von der Brandung zerstäubte Wasser legt sich wie ein Nebelvorhang zwischen Strand und Horizont, wodurch die Sichtverhältnisse zusätzlich verschlechtert werden.
Ein paar Meilen vor der Küste, wo das Meer bereits eine gewissen Tiefe erreicht hat und der Wellengang zwar immer noch stark, aber ausgeglichen und ohne Übersturz ist, legt der Fischer nun seine Paddelstange zur Seite und holt zwischen den Binsen seines Bootes eine dicke Strähne Schnur hervor, an deren Ende ein großer Angelhaken befestigt ist. Die Schnur wird nun ins Wasser abgewickelt, wobei sie immer wieder ruckartig ein Stückchen zurückgezerrt wird. Nicht einmal ein Köder kommt auf den Haken, denn derart reich an Fischen ist dieses Gebiet, daß durch das Anreißen der Schnur immer etwas am Haken hängenbleibt.
Noch ehe der halbe Vormittag vorbei ist, findet die Jagd ihr Ende. Nun geht's zurück zur Küste und wieder wartet die Brandung auf ihren Bezwinger. Von neuem beginnt der Fischer kräftig zu paddeln, bis ihn die erste Brandungslinie auf den Rücken nimmt. Das Abenteuer beginnt wieder von vorne.
Die Mühe der Rückkehr ist zwar geringer als die der Ausfahrt, dafür ist aber das Risiko größer, denn jetzt muß sich der Fischer auf seinem »caballito«, das nun die Funktion einer Art Rennschlitten erhält, auf dem nahezu senkrecht

stehenden Rücken der Brandungswogen dem Strand zutreiben lassen. Dies geschieht mit einer extrem hohen Geschwindigkeit, die keinen Fehler zuläßt, will man nicht vom Wasser begraben werden. Die Paddelstange dient nun als Ruder, mit dem der Landepunkt an der Küste zielsicher angesteuert wird.

Tagtäglich wiederholt sich dieses Schauspiel entlang der südamerikanischen Pazifikküste Hunderte von Malen. Immer wieder finden sich ihre Abbildungen auf den herrlichen Tongefäßen aller antiken und vorgeschichtlichen südamerikanischen Kulturen der Pazifikküste. Nicht nur aus der relativ kurzen Vergangenheit der Inkazeit erreichen uns ihre Zeugnisse, sondern auch von viel früheren Kulturen, von denen man nur ganz wenig weiß, und deren

In den Küstengewässern des Stillen Ozeans entstehen durch die Strömungen und den heftigen Wind besonders mächtige Wellen, die meilenweit zur Küste hin anlaufen und dabei stets schneller und höher werden. Dieses Meeresphänomen hat eine Sportart entstehen lassen, die sich Surfing nennt. Auf einem etwa zwei Meter langen Brett wartet man außerhalb der Brandung auf das Heranrollen einer Woge, unter deren Hang man sich dann dem Ufer zutreiben läßt. Sobald die Welle überstürzt, schlägt das wild schäumende Wasser über Mensch und Brett zusammen.

ungefähre Eigenschaften und Geschichte sich nur von den unsagbar schönen und wertvollen Grabbeigaben ableiten lassen. Und unter diesen Grabschätzen findet man immer wieder Tonminiaturen der »caballitos de totora« mit ein oder zwei Fischern an Bord: Votivgegenstände, die den Toten über jene geheimnisvolle Grenze begleiten sollten, die von der großen Sturzwelle des Todes dargestellt wird.
So sicher, wie die Lebendigen mit dem »caballito« alltäglich das ungestüme Schnauben des Ozeans herausfordern, so sicher sollte offensichtlich auf einem »caballito« das mystische Abenteuer des Jenseits angetreten werden.

Folco Quilici
(aus: Enciclopedia del Mare, Hrsg. F. Quilici bei Curcio)

Das tobende Meer und das Öl

Wenn sich die Wellen zu Bergen erheben und unter dem Druck der Winde schäumend über das Schiff hereinbrechen, dann greifen die Seeleute auf die verschiedensten Techniken zurück, um dem Angriff zu widerstehen. Sie holen die Segel ein, um dem Wind die kleinstmögliche Angriffsfläche zu bieten, werfen einen Schwimmanker aus, eine Art offenen Sack oder Fallschirm, der an einem langen Tau befestigt ist und den Schiffsbug in Richtung Wellenanschlag hält, sie binden sich am Schiff fest, um nicht von den Brechern über Bord gespült zu werden, und dichten jede Öffnung zum Schiffsinneren hermetisch ab.
Früher viel mehr als heute bediente man sich außerdem der recht eigenartigen Methode, Öl auf die Wasseroberfläche zu schütten, in der Annahme, die Wellen würden sich dadurch beruhigen. Handelt es sich dabei lediglich um einen Aberglauben oder kann diese Technik effektiv erfolgreich sein? Hören wir uns zu diesem Thema die Ausführungen des Experten Willard Bascom an.

Die beruhigende Wirkung des Öls auf der Oberfläche des Meeres kannte man bereits Jahrhunderte, bevor eine wissenschaftlich begründete Erklärung für dieses Phänomen gegeben werden konnte.
Vorausgeschickt sei, daß nicht jedes Öl dieselbe Wirksamkeit aufweist. Die Erfahrung hat gelehrt, daß Fischöl und andere dichte tierische Öle die besten sind, während beispielsweise die Erdölderivate einen sehr begrenzten Effekt zur Folge haben. Da aber die meisten modernen Schiffe nur solche Erdölderivate an Bord mitführen, sind in den letzten Jahren die zahlreichen Versuche, mit Motoröl den Wellengang zu löschen, meist erfolglos verlaufen. Und aus diesem

Grunde ist diese Methode sozusagen in Ungnade gefallen, wird also kaum noch praktiziert. Ganz allgemein wird sie bereits als Legendengespinst alter Seebären klassifiziert, die jeglicher wissenschaftlichen Grundlage entbehrt. Wird die Methode richtig angewandt, so kann sie dagegen – zumindest für kleinere Schiffe – sehr wohl wirksam sein und auch wissenschaftlich begründet werden. Wichtig ist vor allem, daß das Öl nicht geschüttet, sondern vielmehr ins Wasser eingefiltert wird.
Die traditionellste und gleichzeitig auch erfolgreichste Einsatztechnik sieht einen mit Stofflappen gefüllten Leinensack vor, in den hinein Lebertran geschüttet wird; mittels eines Strickes wird dann der Sack knapp unter die Wasseroberfläche getaucht: Tropfenweise dringt das Öl durch den Sack ins Wasser und steigt an dessen Oberfläche. Um eine Wasserfläche von rund sechzig Metern Durchmesser zu beruhigen, genügt eine geringfügige Menge Öl, sagen wir etwa zwei Liter pro Stunde, nicht mehr.
Man kann nicht verlangen, daß ein hauchdünner Ölfilm ganze Wellengebirge zur Ruhe zwingt, aber tatsächlich gelingt es ihm, für kurze Zeit wenigstens die kleineren Brecher zu neutralisieren. Außerdem bekommt der Wind eine ölige Wasseroberfläche viel weniger in seinen Griff; es gelingt ihm nicht, Schaum aufzuwerfen, wodurch die Wellen kuppelförmig bleiben und nicht aufbrechen. Ein zusätzlich, daraus entstehender Vorteil ist die Beibehaltung einer gewissen Sichtweite.
Die Nivellierung des Seeganges beruht auf der erhöhten Oberflächenspannung der mit Öl bedeckten Meeresfläche. Die Oberflächenspannung ist eine Eigenschaft aller Flüssigkeiten, derzufolge ein flüssiger Körper sich verhält, als wäre er von einer elastischen Schicht bedeckt. Versinnbildlicht kann man dafür etwa das Beispiel eines mit Wasser gefüllten Luftballons anführen. Je ausgeprägter die Oberflächenspannung einer Flüssigkeit ist, desto größer ist natürlich die Wirksamkeit dieser unsichtbaren Membrane. Da wir nun aber von allen technischen Handbüchern belehrt werden, daß die Oberflächenspannung des Wassers doppelt so groß ist wie die des Öles, versteht man auf Anhieb natürlich nicht, warum sich Wasser gerade durch Aufschütten von Öl beruhigen soll. Dies geschieht ganz einfach deshalb, weil die Oberflächenspannung des Öles mit

Abnahme seiner Stärke zunimmt. Je dünner also der Ölfilm ist, desto wirksamer ist sein Effekt – selbst eine Ölschicht, deren Stärke nur ein Millionstel Millimeter mißt, wirkt sich noch als hochelastische Hülle aus. Das ins Wasser eingefilterte Öl bildet also rund um das Schiff eine solche Schutzhülle, die sich gegen jeden Einfluß wehrt, dessen Auswirkung es wäre, die betreffende Fläche zu bewegen und aufzureißen. In einer gewissen Entfernung vom Schiff, die vor allem von der Geschwindigkeit des Windes abhängt, verliert sich die bindende Funktion des Ölfilms, der aufbricht und sich auflöst; aus diesem Grunde muß vom Zentrum des Aktionsfeldes aus immer neues Öl zugesetzt werden.
Auch andere Stoffe und Substanzen, die dem Wasser beigemischt werden oder auf seiner Oberfläche treiben, wirken sich beruhigend auf den Wellengang aus. Ein sehr trübes Wasser hat ein rasches Ersticken der Wellen zur Folge; sich massenhaft ansammelndes Treibgut hat oft dieselbe Wirkung; die durch Meerwasserfrost entstehenden Eiskristalle wie auch treibende Eisschollen verringern die Höhe des Wellenschlages. Vor der Küste im südlichen Kalifornien gibt es einen Algenwald, der sich praktisch ohne Unterbrechung über etwa hundert Meilen ausbreitet. Die großen Wogenlinien fegen über dieses Algenfeld hinweg, ohne es zur Kenntnis zu nehmen, die kleineren Wellen aber, die von den örtlichen Winden erzeugt werden, legen sich, sobald sie im Bereich der Algen anlaufen. Die Wasseroberfläche zwischen der Algenbank und dem Strand bleibt somit meist vollkommen ruhig. Es gibt sogar schon einen unternehmungslustigen Fabrikanten, der Gummialgen herstellt, um damit den Wellengang in kleineren Häfen auf dem kleinstmöglichen Niveau zu halten.

Willard Bascom
(aus: Onde e spiagge, bei Zanichelli)

Die Geschwindigkeit des Windes und ihre Auswirkung auf den Seegang

Im Jahre 1806 wurde vom englischen Admiral Sir Francis Beaufort eine Skala eingeführt, mit deren zwölf Graden die Windstärke bemessen wird. Grad 0 bedeutet Windstille, Grad 12 dagegen Orkan. Später dann wurden die Gradwerte der Beaufort-Skala mit der Angabe der Windgeschwindigkeit vervollständigt, wodurch man aufgrund der Beschaffenheit des Wasserspiegels auf die Geschwindigkeit des Windes schließen kann, ohne über ein spezielles Meßgerät verfügen zu müssen.

Windstärke nach Beaufort	Geschwindigkeit in m/sec	Auswirkung auf den Seegang
0	0–0,2	Spiegelglatte See
1	0,3–1,5	Schuppenförmige Kräuselwellen
2	1,6–3,3	Kurze kleine Wellen, Kämme brechen sich nicht
3	3,4–5,4	Kämme beginnen sich zu brechen, Schaum, meist glasig

4	5,5–7,9	Noch kleine Wellen, aber vielfach weiße Schaumköpfe
5	8,0–10,7	Mäßige lange Wellen mit Schaumkämmen
6	10,8–13,8	Bildung großer Wellen beginnt, größere Schaumflächen
7	13,9–17,1	See türmt sich, Schaumstreifen in Windrichtung
8	17,2–20,7	Hohe Wellenberge (über 7 Meter), Gipfel beginnen zu verwehen
9	20,8–24,4	Dichte Schaumstreifen, rollende See, Gischt verweht
10	24,5–28,4	Sehr hohe Wellenberge, See weiß durch Schaum
11	28,5–32,6	Außergewöhnlich hohe Wellenberge, Wellenkämme überall zu Gischt verweht
12	über 32,7	Luft mit Schaum und Gischt angefüllt, keine Fernsicht mehr

Im Gezeitenstrom

Fast zwei Kilometer vor der Ostküste der afrikanischen Insel Sansibar verläuft ein Korallenriff, das – wie es bei Korallenriffen öfters der Fall ist – nicht ein geschlossenes Gebilde darstellt, sondern von Kanälen durchbrochen wird. Durch diese Rinnen hindurch fließt der größte Teil des Wassers, das bei Flut in den Raum zwischen dem Korallenriff und dem Strand eindringt (gut erkennbar auf dem nebenseitigen Bild, das eine kleine, vollständig von Korallenriffen umsäumte Insel zeigt).
Diese zwischen dem Land und dem Korallenbau eingebettete Wasserfläche nennt man Rifflagune, deren Spiegel meist sehr ruhig ist, zumal der Korallengürtel die großen Ozeanwellen aufhält oder zumindest dämpft. Diese oberflächliche Ruhe kann aber sehr täuschen, denn gefährlich starke Gezeitenströme sind hier am Werk, wie es in der folgenden Erzählung von Franco Prosperi anschaulich beschrieben wird.

Es war gerade Flut, eine außergewöhnlich hohe Flut, die den knapp mehr als eine Meile vor der Küste gelegenen Korallengürtel nicht mehr erkennen ließ. Aufgrund früherer Erfahrungen hatte ich es stets vermieden, während des Ansteigens des Meeresspiegels ins Wasser zu gehen. Ich wußte, daß die Strömung des wieder abfließenden Wassers gefährlich stark werden kann. Aber diesmal wurde entschieden, unmittelbar am Korallenriff zu fischen; bei Eintreten der Ebbe hätte sich dann die Korallenmauer schützend zwischen uns und das offene Meer gestellt. Außerdem hatten wir uns von den Eingeborenen ein paar Boote ausgeliehen, die uns im Falle einer Gefahr an Bord nehmen sollten.
Ganz offensichtlich gab es also keinen Grund zu irgendwel-

chen Befürchtungen. Ich konnte ja nicht ahnen, daß gerade vor uns die Korallenmauer von Kanälen durchbrochen war, durch die hindurch das fallende Meer das Wasser der Rifflagune mit der Wucht eines Wasserfalles stürzen läßt. Fabrizio und ich stiegen ins Wasser und begannen hinauszuschwimmen. Bezüglich des Fischens hegte ich keine allzu großen Hoffnungen, da ich wußte, daß die seichten und sandigen Rifflagunen im allgemeinen nur spärlich von den Meerestieren besucht werden. Aber bereits nach wenig mehr als zweihundert Metern wurde ich eines Besseren belehrt: der Lagunengrund fiel rapide ab und große Rinnen zeichneten sich am Boden ab. Die Wälle zwischen den einzelnen Kanälen wurden immer höher und mächtiger, es waren riesige Korallenbauten, die Ausläufer des Riffs. Da man aber unter Wasser nicht weiter als etwa zehn Meter sehen konnte, entschied ich mich dazu, den Grund zu erforschen. Ich atmete ein paarmal tief durch und tauchte ab.
Erik und die anderen waren mit den Booten viel näher am Strand stehengeblieben und fischten also praktisch unmittelbar an der Küste. Fabrizio, der mich bis hierhin begleitet hatte, mußte ebenfalls ans Land zurück, nachdem ihm ein großer Fisch seinen Harpunenlauf verbogen hatte.
Ich war also allein. Unter Wasser zog ich an einem Wall entlang dem Riff zu. Dabei wurde ich von einer leichten Strömung getrieben, über die ich mir aber keine weiteren Gedanken machte. Die Leidenschaft des Unterwasserfischen hatte mich ganz in ihren Bann gezogen. Während ich verschiedener Beute nachsetzte und mich immer mehr der Riffmauer näherte, wurde die Strömung zusehends stärker. Als es mir endlich gelungen war, einen großen Lippfisch auf die Harpune zu bekommen, stieg ich an die Oberfläche, um meine genaue Position zu kontrollieren. Die anderen mit den Booten waren nun gute fünfhundert Meter von mir entfernt, und auf der entgegengesetzten Seite, etwa in gleicher Entfernung, sah ich das Riff. Die mittlerweile eingesetzte Ebbe gab allmählich die obersten Plattformen der Korallenbauten frei, die Wellen begannen bereits heftig gegen die Sternkorallen anzuschlagen. Von der weißen Schaumlinie her drang ein dumpfes Getöse, ähnlich dem unheilvollen eines fortwährenden Donners, dessen Intensität merkbar zunahm.
Ich entschied mich zur Rückkehr, steckte den Kopf unters

Wasser und begann von neuem kräftig mit den Flossen zu schlagen. Unter mir konnte ich nichts erkennen. Offensichtlich war ich während des Festbindens des Lippfisches am Gürtel von der Strömung genau über die Mitte eines Kanals getrieben worden. Ich nahm die Harpune in die linke Hand, um mir mit der rechten beim Schwimmen helfen zu können. Ich merkte deutlich, daß die Strömung inzwischen zugenommen hatte, und mit den vielen Fischen am Gürtel hatte ich bereits einige Mühe, gegen sie anzukämpfen. Weitere zehn, fünfzehn und zwanzig Minuten vergingen, ohne daß ich Grund erkennen konnte. Da ich über keinerlei nahen Bezugspunkt verfügte, wußte ich nicht einmal, ob ich effektiv von der Stelle kam. Ich steckte den Kopf aus dem Wasser, aber auch an der Oberfläche konnte ich nichts Neues feststellen: Boote und Riff scheinen immer noch gleich entfernt. Unter noch mehr Anstrengung versuchte ich weiterzuschwimmen. Endlich erblickte ich Grund unter mir. Doch waren es keine Korallenbauten, die sich unter mir abzeichneten, vielmehr war es eine große felsige Plattform, die mit strömungsgebeugten filigranzarten Algen bewachsen war.

Nun bot ich meine ganze Kraft auf, um gegen die Strömung anzukommen, aber nach einiger Zeit mußte ich einsehen, daß ich nicht von der Stelle kam, so sehr ich mich auch abmühte. Mir wurde meine Situation ziemlich klar; der zunehmende Ebbstrom hätte bald schon meine Kräfte besiegt und mich unwiderruflich in seinen Sog aufgenommen.

Früher einmal, in Ceylon, hatte ich in ähnlichen Situationen eine besondere Methode angewandt, um heil aus solcher Lage herauszukommen: Um das Abflauen der stärksten Strömung abzuwarten und mich gleichzeitig auszuruhen, hatte ich mich mit der Harpune an einem Korallengewächs verankert und ein paar Stunden lang verharrt. Der felsige Boden unter mir lag nicht tiefer als drei Meter unter dem Wasserspiegel, meine alte Methode hätte also Erfolg haben können. Ich entlud also das Gerät, nahm den Haken in die Hand und tauchte zum Grund hinab. Während meine Hände zwischen den Algen nach einem geeigneten Halt für den Widerhaken suchten, merkte ich erst, welch enorme Geschwindigkeit die Strömung in so kurzer Zeit angenommen hatte. Endlich fand ich einen geeigneten Vorsprung, verankerte daran fest den Harpunenhaken, nahm die Fangleine in die Hand und wollte wieder an die Oberfläche zurück. Aber die Strömung drückte mich nach unten und trieb mich parallel zum Grund nach rückwärts. Am Ende der nunmehr gespannten Fangleine versuchte ich nun, senkrecht nach oben zu kommen, aber die Druckkraft der Strömung war stärker als ich. Während dieser äußersten Anstrengung verbrauchte ich meine letzte Atemreserve. Angesichts der immer schwieriger werdenden Situation wollte ich den Harpunenhaken wieder aushängen, um wenigstens die Waffe bei mir zu behalten. Aber auch dazu war ich nicht mehr imstande. Im Moment der äußersten Atemnot ließ ich alles los und strampelte mich verzweifelt nach oben.

Ich versuchte sofort, auf die Panik zu reagieren, entledigte mich der Fische und begann wütend in Richtung Land zu schwimmen. Ich versuchte es eine halbe Stunde lang, vielleicht war es auch länger; ich widerstand zwar der Strömung, kam aber nicht vom Fleck. Als ich mir dessen bewußt wurde, verlor ich jede Hoffnung, mit eigenen Kräften die Situation noch bewältigen zu können. Ohne den Einfluß äußerer Kräfte wäre ich in Kürze über das Riff hinweggeschwemmt worden.

Dabei waren nicht einmal die Sturzwellen, die sich ohne Unterlaß über dem Korallenriff zerschlugen, meine große Sorge, sondern meine ganze Angst galt dem Meer jenseits des Riffes. Die Küstengewässer von Sansibar werden nämlich vom Süden nach Norden vom Äquatorialstrom gestreift, und wäre ich in dessen Einzugsbereich getrieben worden, so hätte mich nur noch das offene Meer erwartet, wo mich selbstverständlich niemand mehr gefunden hätte. Ich ließ mich auf einen Wellenkamm hochtreiben und begann um Hilfe zu schreien. Der Macht des abfließenden Wassers war nun in keiner Weise mehr beizukommen, die Strömung hatte mindestens sieben bis acht Stundenmeilen erreicht. Ich kam der Riffbrandung immer näher und ihr Toben wurde immer stärker und lauter. Ich schrie weiter wie am Spieß und ein paarmal sah ich von der Kammlinie der Wogen aus auch das Boot. Endlich kam der Augenblick, in

Die Gewässer der Korallenriffe sind äußerst fischreich, bergen jedoch auch ernsthafte Gefahren für Taucher und Unterwasserjäger.

dem ich merkte, daß meine Freunde begriffen hatten und sich im Boot näherten. Ich bekam wieder etwas Mut und begann wieder gegen die Strömung anzuschwimmen, um wenigstens nicht übermäßig viel Terrain zu verlieren.
Nach etwa einer Viertelstunde überfiel mich neue Panik, als ich deutlich sah, daß das Boot, halb zur Seite gekippt, sich nicht mehr in meine Richtung weiterbewegte. Am Ende meiner Kräfte angelangt, schrie und schrie ich und verdammte ungerechterweise meinen Freund, der – wie ich später erfahren sollte – erfolglos versuchte, das halb gekenterte Boot wieder seetüchtig zu machen.
Ich kam zum endgültigen Schluß, daß mir niemand mehr helfen konnte, und ergab mich der Strömung. Plötzlich merkte ich, wie die Wellen über mir zusammenzuschlagen begannen. Verzweifelt steckte ich den Kopf unters Wasser und sah die Riffklippen unter mir vorbeisausen. Die Wellen türmten sich immer höher auf, überschlugen sich und brachen schwergewichtig auf mich herab. Mit der Hand hielt ich die Taucherbrille fest, um sie ja nicht zu verlieren. Ich überschlug mich unzählige Male in den wütenden Wassermassen, die erbarmungslos auf mich einhieben.
Dann befand ich mich auf offener See.
Hinter mir lag das Riff, das Land war nicht mehr zu sehen. Ich zwang mich noch einmal zur Ruhe und zum Überlegen. Die einzig mögliche Rettung für mich war, in der Nähe der Korallenbänke zu bleiben und auf das Eintreten der Flut zu warten; im Flutstrom wäre ich dann wieder dem Land zugetrieben worden. Todmüde nahm ich das Schwimmen wieder auf und versuchte krampfhaft, die Orientierung nicht zu verlieren. In dieser Erwartung vergingen schließlich gut zwei Stunden; ich glaube, daß ich damals dem Wahnsinn sehr nahegekommen bin. Über mir versammelten sich immer wieder ein paar Möwen, die mich neugierig beobachteten und oft sogar nahe an meinen Kopf heranflogen, um sich das für sie komische und ungewohnte Schauspiel zu betrachten.
Beeindruckend war die Stille, die diesseits des Korallenriffes herrschte. Und wieder kam der Moment der Resignation, ich fühlte mich nicht mehr imstande weiterzumachen und wollte aufgeben. Das Riff hatte ich aus den Augen verloren und jedesmal, wenn ich auf einen Wellenkamm hochgetrieben wurde, sah ich nichts als Wasser und Himmel und

hörte nur das makabere Gekreische der Vögel, das Unheil anzukündigen schien. Und schaute ich unter das Wasser, dann verlor sich der Blick in einem unendlichen Blau, in dem alle Lichtstrahlen an einem unbestimmten Punkt zusammenzufließen schienen. Die Stille dieser Tiefe war noch viel beeindruckender als die an der Oberfläche.
Ich weiß nicht wie, aber ich hielt durch, und so vergingen weitere vier, fünf Stunden. Mein ganzer Körper zitterte vor Kälte und Müdigkeit, meine Bewegungen wurden immer langsamer. Und immer wieder kam mir der Gedanke, daß alles nutzlos sei, daß ich endgültig aufgeben sollte, weil trotz aller unmenschlichen Anstrengung ich doch nie mehr Land sehen würde.
Plötzlich – zuerst unsicher, dann aber ganz deutlich – hörte ich inmitten der nahe zu totalen Stille das Geräusch sich zerschlagender Wellen. Ganz offensichtlich war ich dem Korallenriff wieder nähergekommen. Endlich spürte ich wieder ein Gefühl der Zuversicht. Unbeschreibliches Glück überfiel mich in dem Augenblick, in dem ich wieder auf Rettung zu hoffen anfing.
Nach einer unbestimmten Zeitspanne, die mir jetzt jedenfalls sehr kurz erschien, war ich ganz sicher, daß der Ebbstrom ausgesetzt hatte. Endlich bekam ich wieder den Schaum über dem Riff und dahinter das Land zu sehen. Acht Stunden nachdem ich zum erstenmal um Hilfe geschrien hatte, wurde ich wieder über den Riffgürtel hinweggespült, diesmal aber in die entgegengesetzte Richtung. Kaum befand ich mich aber im ruhigen Wasser der Lagune und sah die Küste vor mir liegen, ließen mich Nerven und Muskeln noch einmal im Stich. Die Anstrengung der letzten acht Stunden ließ mich fast ohnmächtig werden. Ein immer stärker werdender Schmerz im Genick hinderte mich daran, den Kopf aus dem Wasser zu heben. Aber das Land rückte immer näher, das Wasser wurde zusehends seichter. Und endlich spürte ich dann Boden unter den Füßen. Erschöpft erreichte ich das Ufer und ließ mich in den warmen Sand fallen ...

Franco Prosperi
(aus: F. Prosperi, Gran Comora, bei Garzanti)

Ein Schiff läuft auf

In der zweiten Hälfte des 18. Jahrhunderts durchsegelte Kapitän Cook als Kommandant einiger englischer Schiffe, die für wissenschaftliche Beobachtungen ausgerüstet waren, den südlichen Teil der drei Ozeane. Dabei überquerte er zweimal den südlichen Polarkreis, besuchte eine Reihe von Inseln im Stillen Ozean und umsegelte Australien.
Vor der ostaustralischen Küste verläuft ein Hunderte von Kilometern langer Korallengürtel, ein sogenanntes Barrier-Riff, dessen Bestehen damals noch unbekannt war. Bis zu ihrer sorgfältigen Eintragung auf den Seekarten stellten solche Riffe eine unwahrscheinlich große Gefahr für die Schiffsreisenden dar, da die spitzen Zacken der Korallenbänke meist knapp unter dem Flutwasser versteckt lagen. Ein Schiff, das auf ein solches Riff aufläuft, riskiert außerdem, unter der Macht der Wellen zu zerbersten, wenn starker Seegang herrscht.
Das Schiff von Cook, die »Endeavour«, verfing sich im australischen Barrier-Riff. Hier folgt die Beschreibung der daraus entstandenen dramatischen Situation, die H. Thomas detailgetreu anhand der originalen Tagebuchnotizen Cooks aufgezeichnet hat.

Das Schiff blieb unbeweglich. Nur die erbarmungslos anschlagenden Wellen rissen es zwischen den Zacken des Korallenriffes hin und her.
Sofort erteilte Cook den Befehl, alle Segel zu streichen und alle verfügbaren Boote ins Wasser zu lassen, um die Wassertiefe um das Schiff herum auszuloten. Cook wurde schnell klar, daß die ganze Situation erheblich schlimmer war, als er im ersten Moment angenommen hatte: Das Schiff war von einer Spitzklippe angehoben worden und lag

jetzt in einem Korallenbecken, dessen Saum teilweise weniger als ein Meter tief unter Wasser lag. Alle an Bord wurden sich rasch ihrer extrem gefährlichen Lage bewußt.
Nach erfolgter Auslotung der ganzen Umgebung des Schiffes wurde der Anker an der tiefsten Stelle ausgeworfen. Daraufhin wurde die Winde in Bewegung gesetzt, in der Hoffnung, das Schiff von den Riffzacken herunter und in Richtung Anker zu ziehen, vorausgesetzt, daß dieser nicht nachgab. Aber weder der Anker noch das Schiff gaben nach, so sehr sich die Matrosen schweißtriefend und mit berstenden Muskeln an der Winde auch abmühten. Sie arbeiteten unter unmöglichen Bedingungen, das Schiff wurde unaufhörlich von den tobenden Wellen bestürmt und nur mit Not gelang es ihnen, ihr eigenes Gleichgewicht beizubehalten. Es schien absolut undenkbar, daß ein von Menschenhand gebautes Schiff auf die Dauer einer solchen Wellenmacht standhalten konnte. Das Schiff mußte zwangsläufig bald in Stücke zerbrechen. Und zur Vervollständigung der trostlosen Lage sah man bereits im Mondschein große Wrackteile um das Schiff herum im Wasser treiben. Zuerst waren es die Verkleidungsplanken des Kiels, die ausgerechnet als Auflaufschutz in England noch angebracht worden waren, dann schließlich barst mit einem unheimlichen Krachen auch der Loskiel und trennte sich allmählich vom Rest des Schiffes, so daß »das Leck mit jedem Augenblick größer wurde und das Wasser, das uns verschlingen sollte, in immer größerer Menge in den Bauch des Schiffes eindrang«.
Die einzige Möglichkeit der Rettung bestand darin, das Schiff zu erleichtern, aber um dies zu tun, war der günstigste Moment bereits vorbei, denn das Schiff war gerade im Moment der höchsten Flut aufgelaufen, und nun, während die Besatzung jeden möglichen Ballast über Bord warf, fiel auch das Wasser wieder durch die inzwischen eingesetzte Ebbe. Indirekt brachte dieser Umstand aber auch eine Hilfe, denn das Schiff setzte dadurch fester auf die Korallenbank auf, wodurch es nicht mehr so heftig von den Wogen geschüttelt wurde. Die Hoffnungen aller konzentrierten sich jetzt auf die nächste Flut, aber »wir zweifelten daran, daß das Schiff bis dahin noch standhalten würde, denn die Reibung der Klippen gegen den Steuerbordkiel war dermaßen stark, daß man sie bis vorne am Bug noch deutlich hören

konnte«. Cook wußte genau, daß eine weitere, ebenso ernsthafte Gefahr drohte: die Widerstandskraft seiner Leute konnte schlagartig unter der nervlichen Überanstrengung zusammenbrechen.
Sofortige Maßnahmen wurden in Erwartung der kommenden Flut getroffen. Im Laderaum wurden alle Pumpen in Betrieb gesetzt, weil von überall Wasser einfilterte, und alles, auf das man verzichten konnte, wurde über Bord gekippt. »... sechs unserer Kanonen, alle die an Deck waren, jeder Eisen- und Steinballast, die Fässer, die Faßbänder, die Öleimer, alle verdorbenen Vorräte und viele andere Gegenstände wurden in größter Eile in das Meer geworfen, wobei sich jeder von uns bis zum Äußersten anstrengte, und zwar mit einem Eifer, von dem man nahezu auf gute Laune hätte schließen können; so sehr waren sich die Leute der Schwierigkeit unserer Lage bewußt, daß nicht ein Murren, nicht ein einziger Fluch zu hören war.«
Die ganze Nacht hindurch wurde ununterbrochen gearbeitet. Begleitet wurde diese Arbeit vom Röcheln des sterbenden Schiffes. Bei Sonnenaufgang konnte man in etwa fünfundzwanzig Meilen Entfernung das Festland sehen, aber keine noch so kleine Insel zwischen der Küste und dem Riff, auf die man sich hätte flüchten können, falls die »Endeavour« engültig auseinandergebrochen wäre. Mit einem Gefühl unendlicher Erleichterung wurde andererseits festgestellt, daß der Wind allmählich nachließ. In den ersten Vormittagsstunden trat dann sogar vollkommene Windstille ein. Hätte der Wind nicht nachgelassen, das Schiff wäre unweigerlich zerborsten.
Die neue Flut wurde für elf Uhr erwartet und die Mannschaft bereitete sich auf diesen abermaligen Moment äußerster körperlicher Anstrengung und Nervenspannung vor. Fast fünfzig Tonnen an Ausrüstung und Vorräten waren über Bord gegangen, aber das Schiff schien immer noch zu schwer zu sein. Kaum begann das Wasser zu steigen, drang es auch schon massenhaft ins Innere des Schiffes; das Leck war bedeutend größer als ursprünglich angenommen. Der ununterbrochene Betrieb zweier Pumpen reichte gerade noch aus, um das Schiff nicht vollends zu überschwemmen.
Bereits lange Zeit vor dem Eintreten der Flut versammelte sich ein großer Teil der Matrosen an der Ankerwinde, kein

Befehl war dazu notwendig gewesen. Als der Kapitän dann endlich das Zeichen zum Eindrehen gab, warfen sie sich buchstäblich auf die Windenhebel und drückten, schoben und zogen, was sie nur konnten. Mit heraushängender Zunge, zuckenden Muskeln und schmerzhaften Quetschwunden versuchten sie das Unmögliche. Aber die »Endeavour« verrutschte keinen Zollbreit, sie blieb unbeweglich wie ein Berg. »Mit unsäglicher Verwunderung und großem Entsetzen mußten wir feststellen, das Schiff nicht zum Schwimmen zu bringen.« Cook beobachtete aber auch, daß die Mittagsflut um viele Zentimeter niedriger war als die vorangegangene Nachtflut. Und mit dieser Botschaft gelang es ihm, seinen Leuten neuen Mut einzuflößen und sie nicht über ihre neue Niederlage nachdenken zu lassen. Sofort ging alles an die Arbeit, um sich wieder auf die nächste Flut vorzubereiten.
Um zwei Uhr nachmittags schlingerte die »Endeavour« wie wild an ihrer Steuerbordseite und taumelte wie betrunken zwischen den Korallenklippen. Um fünf Uhr abends setzte die Flut allmählich wieder ein. Gleichzeitig vergrößerte sich das Leck dermaßen, daß zwei zusätzliche Pumpen in den Laderaum gebracht werden mußten, von denen eine aber nicht in Betrieb zu kriegen war. Mit drei Pumpen tat man das Menschenmögliche, um dem einströmenden Wasser die Stirn zu bieten. Um neun Uhr lag das Schiff zwar auf ausbalanciertem Kiel, aber immer mehr Wasser drang in seinen Bauch ein. Nur die unbezwingbare Willenskraft des Kapitäns war es, welche den moralischen Zusammenbruch der Besatzung weiterhin verhinderte und die eisig um sich greifende Todesangst noch einmal überwinden ließ. Und das war auch der wahre Sieg über die wütende höhere Gewalt: Respekt und Ehrfurcht der ganzen Mannschaft gegenüber dem Verhalten ihres Kapitäns waren größer als all ihre Angst und Bange. Alle wußten sie aber auch genau Bescheid über die Wirklichkeit der Situation, denn wäre es auch endlich gelungen, die »Endeavour« aus ihrer verklemmten Lage zu befreien, das Schiff wäre unvermeidbar unter der Last des immer mehr einströmenden Wassers untergegangen.
»Die Lage war erschreckend ernst geworden. Nunmehr sahen wir im Loslösen des Schiffes vom Riff keine Befreiung mehr, sondern vielmehr unseren sicheren Untergang.

Andererseits wußten wir auch, daß die Beiboote nicht ausreichten, um alle an Land zu bringen. Wäre es zu diesem fatalen Augenblick gekommen, an dem jede Möglichkeit der Kontrolle und der geschlossene Gehorsam aufhört, so hätte es sicherlich eine Schlacht um die Schaluppen gegeben, zweifelsohne wäre ein Blutbad entstanden und die Schrecklichkeit dieses Schiffbruches wäre zusätzlich erweitert worden. Jedoch wußten wir ebenso, daß diejenigen, die an Bord zurückgeblieben wären, um von den Wellen verschluckt zu werden, fast sicher weniger gelitten hätten als jene, denen es gelingen mochte, das Festland zu erreichen ohne jegliche Möglichkeit der Verteidigung gegen die Eingeborenen eines Landes, in dem auch Netze und Feuerwaffen kaum ausgereicht hätten, um sich die lebensnotwendige Nahrung zu verschaffen. Ihr restliches Leben lang wären sie dazu verurteilt gewesen, in einem wilden und trostlosen Land zu hausen ohne jeden Kontakt zur Menschheit, ausgenommen jene nackten, in der Wüste umherschweifenden Wilden, die wahrscheinlich zu den gröbsten und unkultiviertesten Menschen der Welt zählen.«

Und tatsächlich, kein anderes Schiff besuchte während der restlichen Jahre des Jahrhunderts diesen Teil der australischen Küste.

Und so wartete man resigniert auf das weitere Geschehen. Die Stunden jenes Tages krochen mit unsagbarer Langsamkeit dahin, endlos schien das Warten auf den schicksalsentscheidenden Moment. Jedes Gesicht war von derselben Angst gezeichnet und verzerrt.

Endlich, gegen zehn Uhr zwanzig nachts, war die Flut so weit angestiegen, daß das Schiff zu schwimmen begann. Alle Mann, bis auf jene an den Pumpen, wurden zur Winde gerufen. Jedem einzelnen war es klar, daß dieser Versuch nicht mehr schiefgehen durfte, denn weitere vierundzwanzig Stunden hätte die »Endeavour« nun endgültig nicht mehr überstehen können. Verzweifelt wurde jede verfügbare Kraft aufgeboten, das Schiff »begann sich zu heben und wurde in tieferes Wasser geschleppt«.

Einen schier endlos scheinenden Augenblick lang wurde mit panischer Angst der Wasserpegel im Laderaum beobachtet. Diese paar Sekunden waren ausschlaggebend für das weitere Schicksal der gesamten Besatzung. Wie durch

ein Wunder war das Leck aber nicht weiter aufgebrochen. Alles klammerte sich nun an diesen hauchdünnen Faden neuer Lebenshoffnung. » . . . aber die Leute waren nach den vierundzwanzig vergangenen Stunden härtester Arbeit und nervlicher Überanspruchung nicht mehr in der Lage, weiter durchzuhalten, und einige gaben bereits zu Tode erschöpft auf.« Auch den Stärksten wurde bei der Arbeit an den Pumpen der Rücken massakriert, nach spätestens fünf oder sechs Minuten mußten sie abgelöst werden; nach Luft ringend und vor Schmerz am ganzen Körper zuckend warfen sie sich wie ohnmächtig zu Boden. Nach wenigen Minuten, als es den anderen dann gleich erging, rafften sie sich wieder auf, um weiter mit den Pumpen gegen das Wasser anzukämpfen. So lösten sie sich gegenseitig ab, bis es zu einem neuen Zwischenfall kam, der wie ein Wunder die Hoffnung nicht in totale Verzweiflung verwandelte.
Folgendes geschah: Die Beplattung des Schiffbodens nennt sich im Seemannsjargon »Doppelbodendecke«. Zwischen dieser Doppelbodendecke und der Außenhaut des Schiffes besteht ein Hohlraum, der im Falle der »Endeavour« rund fünfundvierzig Zentimeter maß. Der Seemann, der zur Überwachung des Wasserpegels abgestellt war, hatte bisher nur den Wasserstand oberhalb der Doppelbodendecke gemessen. Der ihn ablösende Matrose aber nahm das volle Maß, rechnete also den Hohlraum mit dazu, und meldete diesen Pegelstand nach oben. Die Leute an den Pumpen bekamen nun zu hören, daß das Wasser plötzlich um fünfundvierzig Zentimeter höher stünde. Selbst die Zuversichtlichsten wurden von dieser Hiobsbotschaft wie am Boden zerstört und gaben auf. Augenblicke später wäre alles zu einem totalen Durcheinander ausgeartet, wäre nicht das Mißverständnis sofort geklärt worden. Kaum aber war die Sache richtiggestellt, wurde die Mannschaft von einer derart maßlosen Freude überwältigt, daß jeder von ihr zu neuen Kräften fand.
» . . . es entstand dadurch ein solch großer Eifer, daß noch vor acht Uhr morgens nicht nur das Leck nicht mehr stärker als die Pumpen war, sondern die Pumpen sogar stärker als das Leck wurden. Alle waren bereits felsenfest davon überzeugt, das Schiff sicher bis an die Küste zu bringen.«
Gegen elf Uhr kam eine frische Brise in Richtung zum Festland auf, die Segel konnten gesetzt werden.

Jedoch wäre es unmöglich gewesen, die Pumpen noch auf weitere Stunden hin in Betrieb zu halten. Seit sechsunddreißig Stunden rackerten sich die Leute wie wahnsinnig ab und ihre Widerstandskraft ging trotz aller Zuversicht langsam ihrem Ende zu. Da fiel einem Leutnant zur See eine Notlösung ein, die Cook völlig neu war, die aber die endgültige Rettung zur Folge hatte. Man nahm ein Segel, nähte ihm Wollebüschel und zerflauschtes Werg auf und bestrich es schließlich mit Schafskot und anderem Schmutz. Dann wurde das dieserart bestückte Segel mit Hilfe von Tauen, die es gespannt hielten, unter den Kiel gezogen. So wie es unter das Leck kam, wurde es auch schon vom Sog des einströmenden Wassers erfaßt und mitgezogen. Das Leck war plötzlich auf äußerst wirksame Weise verstopft und nur noch wenig Wasser drang in das Innere des Schiffes. »Der Erfolg dieser Maßnahme war enorm. Das Leck war zu seinem größten Teil abgedichtet. Nur eine Pumpe mußte noch bedient werden, der Kampf mit dem Wasser wurde fast zu einem Spiel.«

H. Thomas

Abschied vom Leser

Dem Leser, der uns bis hier gefolgt ist, möchten wir nun noch zweierlei sagen. Allem voran danken wir ihm, sich mit der recht vielseitig gegliederten Thematik auseinandergesetzt zu haben, mit der wir ihn konfrontieren mußten, um ein halbwegs vollständiges Bild von dem zu zeichnen, das zu beschreiben wir uns hiermit vorgenommen hatten. Aber die Mühe des Lesers dürfte dabei nicht allzu groß gewesen sein, zumal wir nur von Dingen gesprochen haben, die nichts anderes als die voraussetzende Grundlage zum Thema darstellen.
Schwieriger wäre es dagegen, neue themenbezogene Probleme und Aspekte zu behandeln, mit denen man sich noch nicht gründlich genug beschäftigt hat.
Aber – und das ist das zweite, was wir dem Leser noch sagen wollten – studieren und forschen zu lernen heißt auch, selbst Wege zu finden und diesen zu folgen, auch wenn man dabei in Gesprächen mit anderen die erzielten Fortschritte und die eingeschlagene Richtung immer wieder überprüfen sollte.

Ozeanwellen und Küstenbrandung am Kap der Guten Hoffnung an der südlichen Spitze Afrikas. Die Beobachtung aus der Luft läßt erkennen, wie die Wellenlinien bei ihrem Herannahen an die Küste die Richtung ändern, um schließlich parallel zum Strand anzulaufen.

Andererseits wäre es dennoch nicht angemessen, den Leser dieses kleines Bandes, dessen Inhalt nichts weiter als eine erste Orientierungshilfe sein kann, nun plötzlich im Stich zu lassen, ohne ihm eine Reihe von kleinen Hinweisen und Ratschlägen zu geben, die ihm bei seiner weiteren Beschäftigung mit dem Thema »Meer« dienlich sein könnten.
Auf diesen letzten Seiten wollen wir also versuchen, zumindest die wichtigsten Voraussetzungen zu einem Weiterforschen in eigener Regie aufzuzählen und zu erläutern.
1. Angefangen könnte damit werden, die verschiedenen Kapitel dieses Buches nochmals durchzusehen, um dabei gewisse Aspekte zu entdecken, die zum Ausgangspunkt neuer intensiver Problembehandlungen werden könnten. Auch sollte man versuchen festzustellen, bei welchen Themen man den Eindruck hat, sie wären hier zu unausführlich oder mit unzureichender Klarheit behandelt worden.
Über all dies sollte man dann mit anderen Lesern dieses Buches oder mit Fachleuten diskutieren.
2. Weiter sollten einige Behauptungen und Situationen, die in diesem Band enthalten sind, direkt – also vor Ort – überprüft werden.
Wer beispielsweise am Meer oder in der Nähe eines Sees wohnt, dem wird es nicht schwerfallen, die Anlagen eines Hafens oder anderer direkt am Wasser gelegener Anlagen zu beobachten, die zu deren Schutz erstellt werden. Auch kann man die Tätigkeit der Wellen in Zusammenhang mit den Winden beobachten, deren Stärke man wiederum bestimmen oder zumindest schätzen kann, indem man die Zeit mißt, die beispielsweise ein Wattebausch, ein Papierschnitzel oder ein bißchen Rauch benötigt, um ein paar Meter weit zu verwehen.

Gewisse Charakteristiken des Seeganges wie beispielsweise die Länge, die Höhe und die Geschwindigkeit der Wellen können auch in einer Wohnung nachvollzogen werden, zum Beispiel in einer Badewanne, in deren Wasser man Wellen erzeugt, indem man die Spitze eines Bleistifts eintaucht, dann den ganzen Bleistift und auch andere Gegenstände mit jeweils verschiedener Geschwindigkeit.

Empfehlenswert ist es außerdem, sich einmal näher mit einer Karte der Meeresströmungen zu befassen, die in jedem vollständigen Atlas enthalten ist und deutlich erkennen läßt, daß die Strömungen der nördlichen Halbkugel im Uhrzeigersinn verlaufen, während sich die der südlichen Hemisphäre in entgegengesetzter Richtung bewegen. Längs der Äquatorlinie verlaufen dann die Äquatorial-Gegenströme, die alle ostwärts treiben und damit im Kontrast zum Bewegungsablauf der Strömungen sowohl der nördlichen als auch der südlichen Meere stehen.

3. Um die von der Lektüre dieses Buches abgeleiteten Kenntnisse zu erweitern und auszubauen, ist es natürlich unerläßlich, weitere Bücher mit meereskundlichem Inhalt zu lesen. Es gibt eine Reihe von Bänden, die sich entweder teilweise oder auch ausschließlich mit den Eigenschaften des Seeganges befassen.

4. Ein vierter und wichtiger Ratschlag besteht darin, sich mit Themen angrenzender Wissensgebiete zu beschäftigen. Das Wissen um eine Sache ist nämlich erst dann in vollem Maße befriedigend, wenn es differenziert und organisch geschichtet ist.

Nehmen wir ein Beispiel: Beim Überstürzen der Wellen im Meer oder bei ihrem Anlaufen an der Küste bildet sich Gischt, der weiße Schaum, den wir alle kennen. Man kann sich nun die Frage stellen: warum weiß? Und warum erscheint uns das Wasser in ande-

ren Situationen blau, grün oder grau? Und warum wird es immer dunkelblauer, je tiefer man kommt? Um hierauf eine Antwort zu finden, muß man sich mit der Welt der Farben beschäftigen. Ein weiteres Beispiel: Die Meeresströmungen bewirken nicht nur die Umwälzung von Wassermassen verschiedener Temperaturen, sondern sie dienen auch den periodischen Wanderungen von Tieren unterschiedlicher Art und Gattung. Beispielsweise erreichen die in der Tiefe des Sargassomeeres geborenen Larven der europäischen Flußaale unseren Kontinent erst mit Hilfe des Golfstromes. Ein hochinteressantes Thema also, bei dem es sich bezahlt macht, sich näher mit entsprechender Fachliteratur auseinanderzusetzen.
Will man näher Bescheid wissen über das vom Meer abhängige Verhalten des Packeises oder der Eisberge, so muß man sich der wissenschaftlichen Polarliteratur widmen. Möchte man dagegen erfahren, warum viele Tierarten an den Stränden jener Küstengebiete überleben, an denen sich das Wasser oft kilometerweit zurückzieht und folglich die Tiere aus ihrem natürlichen Element gerissen werden, warum andere Tiere dem gewaltigen Druck der Brandung gegen die Felsenküste standhalten und warum wieder andere Meeresbewohner dem enormen Druck des Wassers in den Tiefseegräben widerstehen, dann muß man auf Bücher zurückgreifen, die sich mit der Anpassungsfähigkeit der im Wasser lebenden Tiere befassen.
Von diesem Gesichtspunkt her gesehen kann ein nochmaliges Durchlesen aller in diesem Band enthaltenen Fußnoten sehr nützlich sein.
Natürlich gibt es noch sehr viel andere Möglichkeiten und Ansatzpunkte, die für einen interessierten und kritischen Leser den Start zur Erweiterung des themenbezogenen Wissenshorizontes bieten und ei-

ne eigene Forschungsarbeit motivieren und erleichtern.
Aber auch dabei stellen sich wieder eine Reihe von Problemen und Fragen: in welche Richtung soll man vorzugsweise vorstoßen, wie weit und ausführlich soll man sich mit den einzelnen Themen beschäftigen, an welchem Punkt soll man in eine neue Richtung abzweigen und welche Maßstäbe soll man ansetzen, um das Niveau seiner Studien und Erforschungen richtig zu bewerten?
In diesem Zusammenhang sollte sich der Leser vergegenwärtigen, daß er, solange in ihm das Interesse für ein bestimmtes Thema lebendig bleibt, den Punkt des Aufhörens noch nicht erreicht hat und folglich die eingeschlagene Richtung auch weiterhin sehr produktiv sein wird. Außerdem sollte er sich vor Augen halten, daß der beste Maßstab zur Feststellung, ob es einem gelungen ist, gewisse Dinge richtig zu verstehen, darin besteht, mit anderen darüber zu sprechen und den Versuch zu unternehmen, auch anderen die betreffende Sache verständlich zu machen. Anhand der Fragen, Bemerkungen und Einwände, die im Laufe solcher Gruppengespräche zwangsläufig entstehen, wird man sich bald darüber im Klaren sein, an welchen Stellen man zu feilen hat, um sein detailliertes Wissen, seine Kenntnisse und Erkenntnisse weiter auszubauen und sowohl in der Fülle als auch in der Qualität fortwährend zu steigern.

Phantastisch! Die neuen Arena-Taschenbücher

1339 **Lew Dietz, Das Jahr der großen Katze**
Ben und sein Hund jagen einen Puma

1340 **H. Kaufmann,**
Tule Tiptops merkwürdige Reise
Die Abenteuer eines entlaufenen Elefanten

1341 **M. T. Clark, Als der Tag in Flammen stand**
Freunde in einer Grenzsituation –
ein ungewöhnlicher Erlebnisbericht

1342 **H. P. Richter, Wir waren dabei**
Ein authentischer Bericht über das Dritte Reich,
wie es wirklich war

1343 **S. Schuster-Schmah,**
Mädchen heiraten ja doch
Bettina denkt aber anders darüber

1344 **Kurt Honolka, Magellan**
Eines der größten Abenteuer der Seefahrt

1345 **Konrad Gruda, Zwölf Uhr einundvierzig**
Ein Roman aus dem Jahr 2289

1346 **Auguste Lechner, Dietrich von Bern**
Der große König der Goten kämpft um sein Reich

1347 **E. Kolnberger, Carin sucht das Abenteuer**
Ein junges Mädchen entdeckt die Insel Ceylon

1348 **F. Braumann, Das Tal der Geheimnisse**
Ein Beduinenjunge findet die 2000jährigen
Schriftrollen von Qumran
